连接结构的
非线性力学行为
与工程计算

李一堃 著

Nonlinear Mechanical Behaviors
and Engineering Calculation of
Jointed Structures

化学工业出版社
·北京·

内容简介

本书针对复杂工程结构中广泛存在的连接接触问题，提出可以描述接触非线性力学行为的连接结构本构模型，开展理论推导、数值计算和实验研究工作；提出含截断幂律分布和双脉冲函数的六参数 Iwan 模型，开展连接结构静、动态力学实验；讨论接触表面粗糙度、螺栓预紧力矩和螺栓排布方式对螺栓连接结构力-位移关系及能量耗散特性的影响；提出一种考虑界面损伤效应的本构模型，采用均匀刚度离散化策略，将损伤本构模型应用于有限元数值计算，并进行实验验证。

本书可作为高等院校机械、力学及其他相关专业师生的学术参考书，也可作为工程结构分析从业者的工作参考书。

图书在版编目（CIP）数据

连接结构的非线性力学行为与工程计算 / 李一堃著. 北京：化学工业出版社，2025.5. --ISBN 978-7-122-47657-9

Ⅰ. TH131

中国国家版本馆 CIP 数据核字第 2025TZ8020 号

责任编辑：陈景薇　　　　　　　　　文字编辑：冯国庆
责任校对：张茜越　　　　　　　　　装帧设计：张　辉

出版发行：化学工业出版社
　　　　　（北京市东城区青年湖南街 13 号　邮政编码 100011）
印　　装：北京科印技术咨询服务有限公司数码印刷分部
710mm×1000mm　1/16　印张 10¾　字数 188 千字
2025 年 6 月北京第 1 版第 1 次印刷

购书咨询：010-64518888　　　　　　售后服务：010-64518899
网　　址：http://www.cip.com.cn
凡购买本书，如有缺损质量问题，本社销售中心负责调换。

定　　价：98.00元　　　　　　　　　　　　　　　　版权所有　违者必究

前言
PREFACE

大量复杂结构系统,例如航空发动机、飞行器、车辆和武器系统等是由不同零部件组合而成的。以武器系统为例,其由战斗部、动力装置、制导系统和弹体四大部件组成,各部件由种类繁多的零件组成。零件与零件、零件与部件、部件与部件之间通过不同的连接结构进行组合装配,形成系统。在外力作用下,连接接触部位复杂的微、宏观滑移现象会对系统整体力学行为产生显著的影响,造成结构系统刚度非线性,引起结构阻尼,并产生能量耗散。已有研究表明,由连接接触滑移所引起的能量耗散是结构阻尼的重要来源,占到整体阻尼的 90%。在复杂的组合工程结构系统动力学分析中,采用直接数值模拟(direct numerical simulation,DNS)方法往往会受到计算规模和时间步长的限制而不可行。例如,航空发动机整体具有米级尺度,而有效描述连接力学行为的单元为 10^{-5} m 级尺度;另外,达到稳态响应需要数秒的计算时长,显式时间步长将在纳秒量级。综合这两方面的因素可知,问题的规模和总时间步长将异常庞大而使计算无法进行下去。因此,开展连接接触非线性特性研究,建立描述其非线性力学行为的理论模型,有效降低这类问题的求解规模和总计算时间步长,具有重要的意义。

本书针对复杂结构系统中广泛存在的连接接触问题,提出可以描述连接接触非线性力学行为的连接结构本构模型,开展理论推导、数值计算和实验研究工作。本书的主要研究内容:在 Segalman 四参数 Iwan 模型和 Song 的改进 Iwan 模型基础上,进一步提出含截断幂律分布和双脉冲函数的六参数 Iwan 模型;开展连接结构静、动态力学实验,讨论接触表面粗糙度、螺栓预紧力矩和螺栓排布方式对螺栓连接结构力-位移关系及能量耗散特性的影响;设计了含三组单螺栓连接件的薄壁圆筒组合结构,开展正弦扫频实验和定频激励实验,建立薄壁圆筒有限元模型，采用离散六参数 Iwan 模型描述螺栓连接件，开展有限元数值计算；根据螺栓连接结构静、动态实验结果开展六参数 Iwan 模型应用研究。

结果表明，六参数 Iwan 模型可以准确描述螺栓连接结构非线性力学行为，所提出的模型离散化方法可有效应用于连接结构切向接触行为的数值计算。所提出的修正摩擦能量耗散模型在一定情况下可以退化为库仑摩擦能量耗散模型和 Goodman 能量耗散模型。通过在 Iwan 模型中引入无量纲损伤因子，可准确描述不同工况下连接结构宏观滑移力衰减现象。未来仍需在一些核心问题上进行深入研究，例如连接接触微、纳观力学机理的揭示与表征，加载速率对连接结构力学行为的影响，交变载荷作用下连接结构力学性能的演化机理等。

本书由西华大学李一堃撰写。李一堃，四川大学工程力学学士，南京理工大学力学博士，现就职于西华大学建筑与土木工程学院力学部。本书得到了西华大学人才引进项目（Z241129）的资助，在此表示感谢。

由于笔者水平有限，书中难免存在不足之处，敬请读者批评指正。

著者

目 录
CONTENTS

第 1 章 绪论　　001

1.1 引言 …………………………………………………………………… 001
1.2 连接接触界面非线性力学行为 ……………………………………… 002
1.3 连接接触模型 ………………………………………………………… 004
　　1.3.1 准静态摩擦模型 ……………………………………………… 004
　　1.3.2 动态摩擦模型 ………………………………………………… 006
　　1.3.3 连接接触本构模型 …………………………………………… 007
1.4 连接结构数值计算 …………………………………………………… 011
1.5 连接结构实验研究 …………………………………………………… 013
1.6 本书的主要研究内容 ………………………………………………… 014
参考文献 ……………………………………………………………………… 015

第 2 章 平板搭接结构能量耗散特性研究　　018

2.1 引言 …………………………………………………………………… 018
2.2 平板搭接结构能量耗散力学模型 …………………………………… 019
　　2.2.1 Goodman 能量耗散模型 ……………………………………… 019
　　2.2.2 修正摩擦能量耗散模型 ……………………………………… 020
2.3 接触有限元方法 ……………………………………………………… 022
　　2.3.1 接触问题的约束描述 ………………………………………… 022
　　2.3.2 罚函数法增量有限元方程 …………………………………… 023

2.3.3　Lagrange乘子法增量有限元方程 ································· 025
2.4　算例分析 ··· 025
　　2.4.1　接触算法对计算结果的影响 ······································· 026
　　2.4.2　库仑摩擦模型计算 ·· 028
　　2.4.3　修正摩擦模型计算 ·· 032
2.5　本章小结 ··· 033
参考文献 ··· 034

第3章　非均匀密度函数的六参数Iwan模型　　035

3.1　引言 ·· 035
3.2　Iwan模型 ·· 036
3.3　六参数非均匀密度函数 ··· 038
3.4　六参数Iwan模型力-位移关系 ·· 039
　　3.4.1　骨线方程 ·· 039
　　3.4.2　微观滑移卸载方程 ·· 041
　　3.4.3　宏观滑移卸载方程 ·· 043
3.5　六参数Iwan模型能量耗散 ·· 045
3.6　本章小结 ··· 049
参考文献 ··· 049

第4章　六参数Iwan模型的参数辨识与离散化方法研究　　051

4.1　引言 ·· 051
4.2　六参数Iwan模型参数辨识方法 ·· 052
4.3　六参数Iwan模型离散化方法 ··· 056
　　4.3.1　基于位移的算术级数离散方法 ···································· 056
　　4.3.2　基于位移的几何级数离散方法 ···································· 058
　　4.3.3　基于刚度的算术级数离散方法 ···································· 059
　　4.3.4　基于刚度的几何级数离散方法 ···································· 059
4.4　算例分析 ··· 060
4.5　本章小结 ··· 067
参考文献 ··· 067

第 5 章　螺栓连接结构实验研究　　068

- 5.1　引言 …… 068
- 5.2　扭力校核预实验 …… 069
- 5.3　迟滞回线预实验 …… 073
- 5.4　准静态实验 …… 076
  - 5.4.1　表面粗糙度的影响 …… 077
  - 5.4.2　螺栓预紧力矩的影响 …… 079
  - 5.4.3　螺栓排布方式的影响 …… 080
  - 5.4.4　螺栓连接结构力-位移关系 …… 081
- 5.5　BMD 动力学实验 …… 084
  - 5.5.1　表面粗糙度的影响 …… 087
  - 5.5.2　螺栓预紧力矩的影响 …… 089
  - 5.5.3　螺栓排布方式的影响 …… 092
- 5.6　本章小结 …… 093
- 参考文献 …… 095

第 6 章　含螺栓连接结构的薄壁圆筒动力学特性研究　　096

- 6.1　引言 …… 096
- 6.2　薄壁圆筒实验装置 …… 096
- 6.3　薄壁圆筒动力学实验研究 …… 098
  - 6.3.1　正弦扫频实验 …… 098
  - 6.3.2　定频激励实验 …… 103
- 6.4　薄壁圆筒有限元数值模拟 …… 109
- 6.5　本章小结 …… 113
- 参考文献 …… 114

第 7 章　六参数 Iwan 模型适用性研究　　115

- 7.1　引言 …… 115
- 7.2　修正摩擦模型数值计算结果表征 …… 115
  - 7.2.1　修正摩擦模型有限元数值计算 …… 115

  7.2.2 基于修正摩擦模型算例的参数辨识 ········· 118
  7.2.3 基于修正摩擦模型算例的离散化数值计算 ········· 120
 7.3 连接结构实验研究结果表征 ········· 125
  7.3.1 微观滑移情况的参数辨识 ········· 125
  7.3.2 宏观滑移情况的参数辨识 ········· 126
  7.3.3 基于连接结构实验的离散化数值计算 ········· 129
 7.4 本章小结 ········· 131
 参考文献 ········· 132

第8章 基于 BMD 动力学实验的接触模型参数辨识 133

 8.1 引言 ········· 133
 8.2 等效黏性阻尼的能量耗散 ········· 134
 8.3 装置设计与有限元分析 ········· 135
 8.4 实验过程 ········· 137
  8.4.1 表面粗糙度影响 ········· 139
  8.4.2 螺栓排布方式影响 ········· 141
  8.4.3 名义相同试件的重复性验证 ········· 142
  8.4.4 实验数据展示 ········· 142
 8.5 六参数 Iwan 模型参数辨识 ········· 143
 8.6 本章小结 ········· 146
 参考文献 ········· 147

第9章 考虑界面损伤效应的五参数 Iwan 模型 149

 9.1 引言 ········· 149
 9.2 本构模型推导 ········· 150
 9.3 模型离散化策略 ········· 154
 9.4 离散模型的数值模拟 ········· 156
 9.5 本章小结 ········· 158
 参考文献 ········· 158

结论与展望 160

第1章

绪论

1.1 引言

大量复杂结构系统,例如航空发动机、飞行器、车辆和武器系统等是由不同零部件组合而成的。以图1.1中的武器系统为例,其由战斗部件、动力装置、制导系统和弹体四大部件组成,各部件由种类繁多的零件组成。零件与零件、零件与部件、部件与部件之间通过不同的连接结构进行组合装配,形成系统。连接结构可分为两大类:活动式连接结构和固定式连接结构。活动式连接一般为各种形式的铰连接;固定式连接包括焊接、铆接、螺栓连接、挡环和卡环连接等。在传统的线性结构动力学分析中,认为固定式连接结构的接触表面不发生相对运动,

图1.1 武器系统

进而将其简化为线性模型。实际上，连接结构并不完全紧固，在外载荷作用下连接接触界面会产生微、宏观滑移等非线性现象，并对整体结构响应产生重要的影响。首先，微、宏观滑移现象会引起能量耗散并产生干摩擦阻尼。研究表明干摩擦阻尼是结构阻尼的主要来源，占到整体阻尼的90%。其次，连接接触界面滑移还会引起局部刚度非线性变化，进而影响整体结构的动力学特性。

含有多个零部件的复杂装配结构存在众多的接触界面，如果不考虑连接接触界面的运动便无法描述其非线性特性，会造成分析结果与实际不符。而考虑连接接触界面的运动会使数值模拟不可执行。以图1.2中航空发动机为例，其整体结构尺度为$1\sim10\mathrm{m}$量级，而有效描述连接接触非线性力学行为的有限元网格尺度为$10^{-5}\mathrm{m}$量级；另外，整体结构在动载荷作用下达到稳态响应的时间为数秒，但求解所需的显式时间步长为$10^{-9}\mathrm{s}$量级。综合以上两方面的因素可知，该问题的物理尺寸和时间历程均跨越多个尺度，其求解规模和总计算时间步长将异常庞大而使计算无法进行下去。因此，迫切需要对预紧连接结构非线性特性开展研究，提出描述其非线性力学行为的降阶模型，将问题的多个时间、空间尺度桥接起来，使问题的计算时间步长与求解规模有效降低。

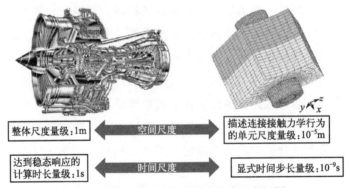

图1.2 复杂装配结构分析中的跨尺度问题

目前，研究者对摩擦现象进行了详细的评述，提出了若干连接结构理论模型并初步应用于数值模拟，连接接触非线性行为的实验研究工作也取得了一定的进展。下面分别对连接接触界面非线性力学行为、连接接触模型、连接结构数值计算和连接结构实验研究这四个方面的研究进展进行介绍。

1.2 连接接触界面非线性力学行为

在外部激励下，连接接触界面发生滑移，从而产生能量耗散。滑移的产生与连接接触界面粗糙度、接触压强以及切向载荷有关。Ibrahim 指出，在螺栓连接结构中，连接接触界面上的接触压强在远离螺孔的方向上随着与螺孔间距离的增加而减小，因此摩擦剪力也随之减小。Groper 和 Hemmye 发现，在切向载荷作用下，接触界面边缘的滑移量大于螺孔周围的滑移量，并且随着切向载荷的增加，接触界面才有可能出现整体滑移，如图 1.3 所示。因此连接接触界面的运动可以分为以下两个阶段：①微观滑移阶段（micro-slip），切向载荷较小时，接触界面局部发生滑移，其余部分保持黏滞状态；②宏观滑移阶段（macro-slip），随着切向载荷的增大，接触界面整体发生滑移。

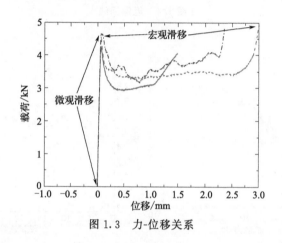

图 1.3　力-位移关系

Heinstein 和 Segalman 指出，当切向载荷较小时，螺栓连接结构的位移与加载力之间呈线性关系。随着加载力的逐渐增加，螺栓连接结构力-位移曲线的斜率逐渐减小，螺栓连接结构的刚度开始"软化"，此时螺栓连接结构处于微观滑移阶段。随着加载力的继续增大，螺栓连接结构逐渐发生宏观滑移，其力-位移曲线的斜率变为 0。当宏观滑移量持续增大致使螺杆与螺孔销连时，螺栓连接结构的力-位移关系再次变为线性。

通常情况下，接触界面滑移量并不大，在外部循环载荷作用下，接触界面上的力-位移曲线形成封闭的曲线，即迟滞回线，如图 1.4 所示。迟滞回线所围成的面积即连接结构的能量耗散。

连接结构能量耗散与加载力幅值之间存在幂次关系，如图 1.5 所示。Ungar 开展了一系列连接结构的简谐激励振动实验，得到的实验结果表明该幂次关系略大于 2。Goodman 给出半无限长弹性摩擦连接问题的理论公式，得到能量耗散幂次关系为 3.0，这与 Ungar 的实验存在差异。Smallwood 对一个简单的摩擦连接结构进行了多组正弦振动实验，得到该幂次关系实验结果的范围为 2.5~3.0。

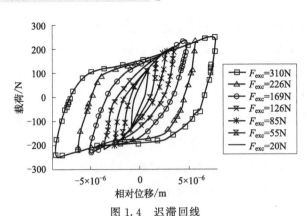

图 1.4 迟滞回线

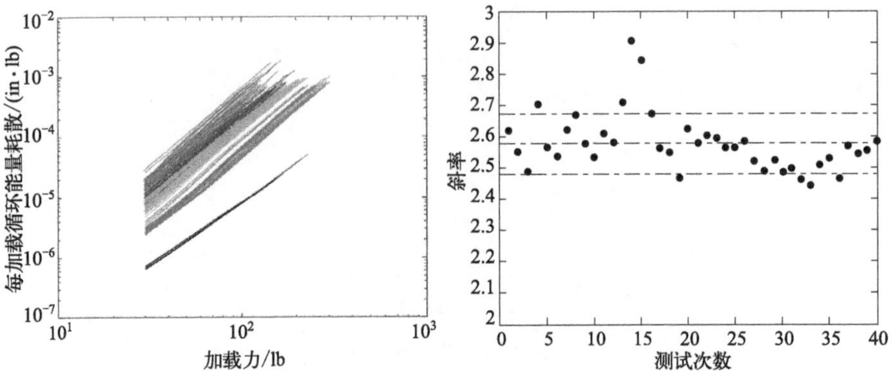

图 1.5 能量耗散幂次关系

1in＝2.54cm；1lb＝0.45kg

1.3 连接接触模型

16世纪，Leonardo Da Vinci 最早对摩擦现象开展系统的研究，随后由 Amontons 和 Coulomb 进一步完善。这些早期研究将摩擦力表述为接触界面相对速度的函数，称为准静态摩擦模型。另一类摩擦模型将摩擦力表述为接触界面相对速度和位移的函数，称为动态摩擦模型。近年来，研究者基于弹塑性理论和 Maxwell 模型发展了一系列连接接触本构模型，用于描述接触表面的能量耗散、变形等力学行为。下面分别介绍这三类连接接触模型。

1.3.1 准静态摩擦模型

如图 1.6 所示，常用的准静态摩擦模型有四类，分别为库仑模型、库仑黏性

模型、库仑黏性＋静摩擦模型和 Stribeck 模型。

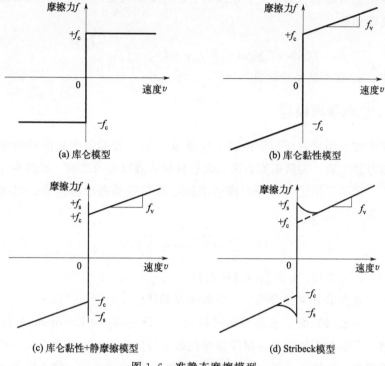

图 1.6　准静态摩擦模型

对于库仑模型，摩擦力仅与法向载荷 N 相关，模型含有一个与状态无关的摩擦系数 μ，摩擦力 f 与相对速度 v 的关系可写为

$$f(v)=\mu N\,\mathrm{sgn}(v)=f_c\,\mathrm{sgn}(v) \tag{1.1}$$

式中，f_c 为库仑摩擦力。

库仑黏性模型在库仑摩擦模型的基础上引入了黏性效应，模型中摩擦力表述为相对速度的函数。

$$f(v)=f_c\,\mathrm{sgn}(v)+f_v v \tag{1.2}$$

式中，f_v 表示黏性摩擦系数。

Morin 通过实验研究发现静摩擦力大于滑动摩擦力，因此在库仑黏性模型中引入了静摩擦力的表述，得到库仑黏性＋静摩擦模型。该模型表达式为

$$f=\begin{cases} f_a & v=0,|f_a|\leqslant f_s \\ f_s\,\mathrm{sgn}(f_a) & v=0,|f_a|>f_s \\ f_c\,\mathrm{sgn}(v)+f_v v & v\neq 0 \end{cases} \tag{1.3}$$

式中，f_s 是最大静摩擦力；f_a 是静止时所施加的外力。

Stribeck 发现,当克服最大静摩擦力后,摩擦力并不会突然下降,而是在接触面低速运动时连续地减小。于是提出了新的摩擦模型,并将摩擦力表述为相对速度的连续函数。

$$f(v) = f_c \text{sgn}(v) + f_v v + (f_s - f_c) e^{-\left(\frac{v}{v_s}\right)^\delta} \tag{1.4}$$

式中,v_s 和 δ 是经验常数。

1.3.2 动态摩擦模型

动态摩擦模型普遍应用于控制工程领域。Dahl 开展了含有滚动轴承伺服系统的动态摩擦实验。实验研究表明,在达到最大静摩擦力之前,接触界面会产生微小滑移。于是提出了一种可以描述该微小滑移的动态摩擦模型,如图 1.7 所示。该模型表达式为

$$df = \left[1 - \frac{f}{F_c} \text{sgn}(v)\right]^\alpha k \, dx \tag{1.5}$$

式中,x 为位移;k 为切向刚度系数。

通过设置参数 α 来拟合图 1.7 中的曲线形状。

为了描述连接表面上接触点的随机行为,Haessig 和 Friedland 从微观角度出发,将上下接触表面模拟为滑动面弹性鬃毛与静止面刚性鬃毛之间的接触,建立了鬃毛模型,如图 1.8 所示。当接触表面发生相对运动时,静止界面上的刚性鬃毛与滑动界面上的弹性鬃毛之间发生相互作用,使接触界面产生抵抗切向相对运动的摩擦力。该摩擦力表达式为

$$f = \sum_{i=1}^{N} k_0 (X_{E,i} - X_{R,i}) \tag{1.6}$$

式中,N 为鬃毛的数量;k_0 为弹性鬃毛的刚度;$X_{E,i}$ 为弹性鬃毛的位置;$X_{R,i}$ 为刚性鬃毛的位置。

界面上的摩擦力为每一对弹性-刚性鬃毛间力的总和。

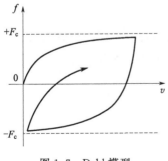

图 1.7 Dahl 模型

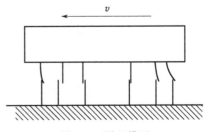

图 1.8 鬃毛模型

Wit 基于 Dahl 模型和鬃毛模型提出了可同时描述静摩擦力和 Stribeck 现象的 LuGre 模型。研究者对 LuGre 模型进行扩展，得到了可以描述微观滑移阶段迟滞行为的 Leuven 模型。除上述摩擦模型外，常用的摩擦模型还有 Karnopp 模型、Armstrong 模型、Bliman-Sorine 模型等。

准静态摩擦模型的优点是形式简单，且参数辨识较为容易；其缺点是无法描述连接接触微观滑移现象。动态摩擦模型的优点是能够较全面地描述摩擦现象；其缺点是模型形式复杂，参数较多，模型辨识难度较大。以 Leuven 模型为例，除了需要对模型中的 6 个参数进行辨识外，还需专门对速度反向位置、内环闭合和迟滞模型复位进行定义。

1.3.3 连接接触本构模型

目前，国内外的研究者提出了一系列连接接触本构模型，用于描述接触表面的非线性力学行为。有的模型仅能用于描述连接接触界面宏观滑移行为，如双线性模型；有的模型可以同时描述微、宏观滑移行为，如 Iwan 模型、Bouc-Wen 模型、Valanis 模型和剪切层模型。

(1) Iwan 模型

Iwan 在双线性模型的基础上提出了一种可以描述系统非线性迟滞行为的广义本构模型。Iwan 模型由若干弹簧-滑块单元（Jenkins 单元）组合而成。根据不同的 Jenkins 单元组合形式，Iwan 模型可分为两种类型，分别为并联-串联型和串联-串联型。Iwan 模型如图 1.9 所示，其中 k_i 为单元刚度，f_i 为单元屈服力，F 和 u 分别为系统所受外力和位移。假设 k 为每一个 Jenkins 单元的刚度，且单元屈服力 f 的分布情况满足密度函数 $r(f)$，得到 Iwan 模型表达式。

$$F(x) = \int_0^{kx} fr(f)\mathrm{d}f + \int_{kx}^{\infty} kxr(f)\mathrm{d}f \tag{1.7}$$

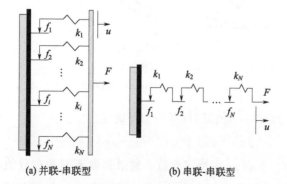

(a) 并联-串联型　　(b) 串联-串联型

图 1.9　Iwan 模型

并联-串联型 Iwan 模型最早被用于描述金属材料的弹塑性行为。Ouyang 等开展了单个螺栓连接结构在不同预紧力作用下的扭转变形实验研究，并采用 Iwan 模型精确重现了实验结果。严天宏等采用 Iwan 模型对干摩擦约束阻尼铰进行了接触分析，分析结果表明 Iwan 模型可用于模拟配合接触面的弹塑性迟滞特性。

近年来，Quinn、Segalman、Miller 以及 Deshmukh 等开展了基于串联-串联型 Iwan 模型的研究。Segalman 和 Starr 指出，任意满足 Masing 准则的广义本构模型都可表示为并联-串联型 Iwan 模型。Argatov、Butcher 和 Wentzel 的研究工作指出，并联-串联型 Iwan 模型具有更好的适用性。

(2) Bouc-Wen 模型

Bouc 提出了一种可描述金属迟滞现象的模型，Wen 在模型中加入非滞后函数，用于描述宏观滑移阶段的屈服力，得到 Bouc-Wen 模型，其迟滞回线如图 1.10 所示。该模型将连接接触滑移现象类比为金属材料的屈服行为，其迟滞系统的总恢复力表达式如下所示。

$$Q(x,\dot{x}) = g(x,\dot{x}) + z(x,\dot{x},t) \tag{1.8}$$

式中，g 为非滞后函数；z 为滞后函数，与模型位移历程相关。

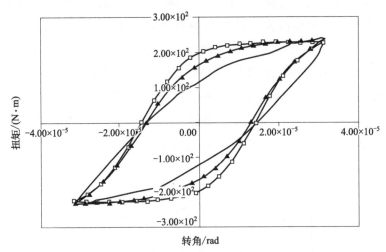

图 1.10 Bouc-Wen 模型

z 函数可通过以下一阶非线性微分方程确定。

$$\dot{z} = -\alpha|\dot{x}||z|^{m-1}z - \beta\dot{x}|z|^m + A\dot{x} \tag{1.9}$$

模型中 α、β、A 和 m 为待定参数，通过选取不同的参数值，模型可逼近实际情况下不同种类的迟滞回线。参数 α、β 用于描述力-位移曲线的形状，A 为初始刚度，m 用于调节迟滞回线的光滑度。Yue 基于 Bouc-Wen 模型开发了一种用于描述螺栓连接结构的非线性有限元单元，并应用于螺栓的动力学数值模拟。Oldfield 等开展了单螺栓连接结构受扭转载荷作用的有限元数值计算，并采用 Bouc-Wen 模型对数值计算所得迟滞回线进行重构。Ismail 等开展了广泛的应用研究，采用 Bouc-Wen 模型描述磁流变阻尼、压电致动器、基础隔振装置、黏土本构关系等非线性迟滞行为。

（3）Valanis 模型

Valanis 模型可用于描述连接结构接触界面之间的微、宏观滑移运动，以及描述结构在动态载荷作用下的响应。该模型的控制方程为

$$\dot{F} = \frac{E_0 \dot{u} \left[1 + \mathrm{sgn}(\dot{u}) \dfrac{\lambda}{E_0}(E_t u - F)\right]}{1 + \kappa \mathrm{sgn}(\dot{u}) \dfrac{\lambda}{E_0}(E_t u - F)} \tag{1.10}$$

$$\lambda = \frac{E_0}{\alpha_0 \left(1 - \kappa \dfrac{E_t}{E_0}\right)} \tag{1.11}$$

式中，F、u 分别定义力和位移；E_0、E_t 为材料参数，E_0 表示初始时刻的刚度，E_t 表示整体滑移情况下的刚度；α_0 为定义屈服点位置的参数；κ 为无量纲参数，用于描述微观滑移的影响程度。Valanis 模型如图 1.11 所示。

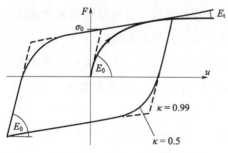

图 1.11 Valanis 模型

Gaul、Lenz 和 Ahmadian 等采用 Valanis 模型对螺栓连接结构实验结果进行了重构，结果表明模型与实验结果符合较好。该模型可以描述接触界面微、宏观滑移现象，并且能够准确重构不同激励量级下的实验结果。

（4）剪切层模型

剪切层模型由 Menq 提出，该模型将连接接触界面处理为一个虚拟薄层，薄层可以承受面内的剪切力，可描述接触界面的弹塑性行为。如图 1.12 所示，剪切层模型的控制方程和边界条件分别为

$$\begin{cases} EA\dfrac{d^2W}{dx^2}-kw=0 & 0\leqslant x\leqslant L-L_1 \\ EA\dfrac{d^2W}{dx^2}-\mu p(x)=0 & L-L_1\leqslant x\leqslant L \end{cases} \quad (1.12)$$

$$\begin{cases} EA\left.\dfrac{dW}{dx}\right|_{x=0}=k_s w(0) \\ EA\left.\dfrac{dW}{dx}\right|_{x=L}=F \\ w(L-L_1)^+=w(L-L_1)^- \\ \left.\dfrac{dW}{dx}\right|_{(L-L_1)^+}=\left.\dfrac{dW}{dx}\right|_{(L-L_1)^-} \end{cases} \quad (1.13)$$

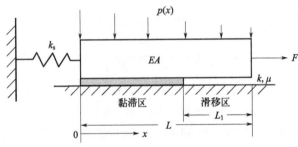

图 1.12 剪切层模型

采用剪切层模型求解接触问题，首先需要对不考虑接触的模型进行线性动力学求解，然后将结构弹性变形所引起的支反力近似为 Fourier 级数形式，然后采用有限元方法求解支反力引起的位移。文献提出此种求解策略，结果表明当法向载荷较大时误差较大。Menq 随后在改进模型中，引入了接触表面微观滑移的描述。

在剪切层模型基础上，Cigeroglu 等提出了一维微观滑移动摩擦模型，该模型将剪切层模型中的一维杆换成了梁，接触界面压强分布为非均匀分布。分别考虑了三种不同的接触界面压强分布情况，结果表明接触界面压强分布对连接结构等效刚度、阻尼均具有显著影响。Xiao 等在 Menq 和 Cigeroglu 的工作基础上考虑了宏观滑移阶段的残余刚度，将剪切层模型用于描述平板搭接结构的能量耗散特性，并将结果与 Segalman 四参数 Iwan 模型进行了对比。在一维模型基础上，Cigeroglu 进一步提出了二维微观滑移动摩擦模型，用于研究接触界面同时受轴向和法向激励情况下的响应。

上述模型描述的研究思路可归纳为：根据连接结构宏观力学响应，对模型进行辨识，进而得到唯象的连接结构模型。另一类研究思路是根据微、纳观接触力学理论，对接触表面形貌进行统计描述，进而得到接触界面物理模型。

连接接触本构模型描述各有优缺点。Bouc-Wen 模型中的参数 α、β 和 m 均不具备明晰的物理含义。不同的参数设置会对计算效率造成不同的影响，特别是在用于描述双线性迟滞现象时，Bouc-Wen 模型中参数 m 的取值趋于无穷大，这会使方程求解不可执行。Valanis 模型可以准确描述连接结构在不同加载量级下的迟滞回线，但每一组模型参数仅能对特定激励量级的迟滞回线进行描述，因此激励量级变化后需要重新对模型参数进行辨识。剪切层模型可以较好地描述连接接触界面残余刚度现象，但模型中含有描述滑移区尺度的参数，该参数无法通过实验进行识别。Wentzel 对以上模型进行对比讨论后指出，Iwan 模型结构简单，模型参数的物理意义明确，认为与其他模型相比，并联-串联型 Iwan 模型的适用性更强。另外，并联-串联型 Iwan 模型中 Jenkins 单元的规模可以任意修改，因此可用于描述双线性迟滞行为（一个 Jenkins 单元）、分段线性迟滞行为（有限个 Jenkins 单元）和光滑的非线性迟滞行为（无穷多个 Jenkins 单元）。基于以上讨论，本书选择采用并联-串联型 Iwan 模型，开展连接接触非线性建模。

1.4 连接结构数值计算

考虑非线性连接接触问题的数值计算方法目前主要有两类，分别为时域分析方法和频域分析方法。

时域分析方法包括中心差分法、Runge-Kutta 法、Newmark 法、Wilson-θ 法和 Houblt 法等。Dokainish 和 Subbaraj 将常用时域分析方法用于非线性系统响应计算，并对计算过程、优缺点进行了评述。结果表明，中心差分法计算效率最高，Newmark 法计算效率次之，但高于另外两种方法。Xie 指出，如果积分步长过大，中心差分法将很难收敛，而 Newmark 法、Wilson-θ 法和 Houblt 法会得到没有意义的数值解或出现混沌。近年来，研究者普遍采用时域分析方法对连接结构动力学问题进行求解。Oldfield 等分别将并联-串联型 Iwan 模型和 Bouc-Wen 模型应用于单螺栓连接结构的迟滞行为研究，采用四阶 Runge-Kutta 法对两种模型的控制方程进行求解，计算结果与模型理论解符合较好。Miller 和 Quinn 同样采用时程积分法分别对点-点接触面模型和双层接触面 Iwan 模型的控制方程进行求解，结果表明采用双层接触面 Iwan 模型可以有效降低该问题的求解时间。Song、Gaul 和 Lenz 等同样采用时程积分法对螺栓连接梁进行了求解。

除上述直接积分方法外，研究者还提出了一系列半解析方法。该方法的优点是计算量仅与所关心的连接接触表面自由度规模相关，而与整体的线性结构规模无关。但该方法的不足之处在于，获取与连接接触表面自由度相关的脉冲响应函数存在一定的困难。Iwata 等基于文献提出了一种改进的求解方法，并采用此方法对弹簧-质量系统的响应进行了求解。Chiang 和 Noah 提出了一种可以计算含连接接触表面的瞬态响应方法，与四阶 Runge-Kutta 法相比计算效率更高。

基于现有的时域分析方法相关文献可知，采用该方法求解连接接触问题需要消耗很高的计算代价。为了降低求解规模，研究者普遍对模型进行降阶处理。但求解阻尼较小的结构稳态响应时，采用以上方法仍然会花费大量的计算时间。研究者提出了一系列频域分析方法，如谐波平衡法、描述函数法、混合时域/频域分析方法等。

谐波平衡法是将含有非线性组分的结构周期响应表示成 Fourier 级数展开的形式，进而将非线性结构动力学微分方程转换为代数方程组进行求解。文明采用谐波平衡法，讨论了立方刚度非线性隔振的主、被动控制系统的响应。漆文凯采用能量法和谐波平衡法，将摩擦阻尼装置等效为切向刚度和阻尼，对摩擦阻尼装置中平板叶片的动力学响应进行了分析。何玲采用双线性迟滞模型对隔振器中密封件-活塞系统进行模拟，并利用谐波平衡法分析了隔振器结构的频响特征。Ahmadian 和 Jalali 在分析螺栓连接结构的受迫振动时，以立方刚度模拟其接触界面的非线性特性，采用谐波平衡法得到了系统的响应曲线。求解结果表明，仅考虑一阶谐波解便能准确描述螺栓连接结构的响应。Pugno 等采用谐波平衡法求解了含裂纹梁的动态响应问题。Von Groll 和 Ewins 采用弧长延拓法和谐波平衡法对含有转子-轴承接触组件的结构进行了动力学分析。Bonello 等基于谐波平衡法和 Floquent 理论对转子系统的频响特征及稳定性进行了分析，并采用类似方法对含有非线性轴承的航空发动机进行了动力学分析。Kim 等提出了多谐波平衡法，并用于分析谐波激励作用下连接结构的超谐波响应。王光远等将谐波平衡法应用于金属橡胶元件非线性参数辨识，分析了金属橡胶元件组合梁的幅频响应，并与实验结果进行对比。结果表明，分析结果与实验结果符合较好。一些文献将谐波平衡法用于含非线性组件的结构响应计算，一般将研究对象简化为单自由度或少量自由度的等效模型。谐波平衡法的计算精度取决于方程中所保留的谐波项数量，以上研究在求解过程中普遍保留一阶或较少阶谐波项。

描述函数法的计算原理与谐波平衡法类似，最早应用于非线性控制领域。Watanabe 和 Sato 采用一阶描述函数对非线性梁结构的刚度进行了线性化处理，并对该多自由度系统开展模态分析。Budak 基于描述函数方法提出了一种对称非线性结构的简谐激励计算方法。Ferreira 和 Ewins 将描述函数法应用于求解非线性连接结构的子结构耦合问题，Dhupia 等随后应用该方法对螺栓连接结构非线性动力学问题进行求解。Besançon-Voda 和 Blaha 提出了多输入描述函数法，用于描述干摩擦非线性接触问题。Özer 等采用 Sherman-Morrison 法和描述函数法讨论了含局部非线性组分结构的参数辨识问题。描述函数法虽然具有简化计算的优点，但只适用于求解弱非线性问题。

对非线性结构动力学控制方程的非线性项进行 Fourier 变换时，可采用混合时域/频域方法对结果进求解。Cameron 和 Griffin 首先将该方法应用于求解含迟滞阻尼的单自由度非线性方程。Guillen 和 Pierre 在此基础上提出了一种更有效的时域/频域分析方法，并将其应用于含干摩擦接触面的大型组合结构动力学分析。Nacivet 等针对摩擦接触问题提出了一种动态 Lagrange 混合时域/频域法，Laxalde 等随后采用该方法分析了摩擦环阻尼器叶片的正弦激励响应。除以上方法外，摄动法、多尺度法、增量型谐波平衡法以及 KBM 法也曾被用于分析连接结构非线性动力学问题。白鸿柏等采用 KBM 方法对简谐激励下含库仑摩擦模型振子的稳态响应进行求解。

1.5 连接结构实验研究

由于无法直接观测连接界面的力学过程，因此连接界面非线性力学行为的研究多是基于间接实验。所谓间接实验，就是在无法直接测量连接界面力学量的前提下，通过测量含界面的连接结构的整体行为来表征连接界面。目前的连接结构实验研究工作主要关注两个方面：一是研究接触非线性的力学机理；二是研究连接接触对结构动力学响应的影响。下面分别对这两个方面的研究进展进行介绍。

Gaul 和 Lenz 开展螺栓连接结构准静态拉伸和扭转实验研究，结果表明螺栓连接结构在宏观滑移阶段存在残余切向刚度。为了研究搭接结构的能量耗散特性，Segalman 等利用大质量块装置（big mass device，BMD）对平板搭接（flat lap）、台阶搭接（stepped lap）、圆弧搭接（curved lap）和螺栓连接结构进行了振动实验研究，进一步确定幂次关系的范围为 2.4~3.0。Gregory 等使用落锤冲击试验机对不同的螺栓预紧力、螺栓数量、垫圈和螺栓尺寸进行了大量的实验，研究瞬态冲击作用对螺栓连接的影响。实验结果表明，预紧力对螺栓连接的能量耗散特性有重要影响。加入垫圈会同时增加能量耗散的幅值和不确定性。所有实验得到幂次关系的范围为 2.3~2.9。为了得到微观滑移至宏观滑移这个过程的精确描述，Resor 等对 8 种不同预紧力情况下的螺栓搭接试件进行了准静态单调拉伸实验。实验数据表明，试件界面在微滑移阶段的切向刚度趋于线性，且不同预紧力情况下的切向刚度趋于一致，发生宏观滑移时位移量级为 10^{-6} m。研究者随后开展实验研究，测得螺栓搭接界面的有效摩擦系数为 0.63。Eriten 等开展准静态实验研究，获得了铝制连接件和钢制连接件在循环载荷作用下的迟滞回线。实验考虑了不同预紧力和不同外载荷的情况，结果表明铝制连接件要比钢制连接件耗散更多的能量。

上述机理研究表明，连接结构接触界面存在复杂的非线性因素，这对整体结构的动力学响应造成了重要的影响。徐超等指出，连接接触会引起整体结构振型和频率的变化。Barhost 等针对螺栓连接梁开展了一系列动态实验，并在试件的螺栓连接部位预留了空隙，进而研究松动情况下的连接结构行为。实验结果定性地指出，连接空隙和激励力幅值对连接结构的非线性特征有着重要影响。在激励量级较低的情况下，螺栓连接梁呈现线性特征。随着激励量级的增大，其非线性特性逐渐明显。Ma 等开展了两端固支的整体梁和螺栓连接梁的正弦扫频实验，测得的频响关系表明，与固支梁结果相比，螺栓连接梁的所有模态频率均向低阶漂移。Hartwigsen 等开展了自由边界条件下的整体梁和螺栓连接梁的瞬态激励实验。实验结果与其他文献所得结果一致，即螺栓连接梁的各阶模态频率均发生了不同程度的低阶漂移。Heller 考虑自由边界条件，对多螺栓连接组合梁开展了正弦振动实验，也得到了与其他研究者类似的实验结果。白绍竣对航天工程中广泛应用的包带连接结构开展实验研究，发现包带连接结构在振动载荷作用下也出现了模态频率向低阶漂移这种非线性现象。Ahmadian 和 Rajaei 对一端固支、一端摩擦接触的梁施加周期激励，并在摩擦接触面上施加不同的预紧力，采集了梁上某处的加速度响应。分析结果表明该摩擦接触梁在不同预紧力情况下的一阶、二阶频率出现了明显的区别。预紧力较大情况下的频率较高，随着预紧力的降低出现了明显的软化效应，其频率也随之降低。除模态频率漂移外，连接接触表面在预紧力松弛情况下还会引起其他的非线性现象，如模态振型畸变。随着预紧力的减小，连接接触表面还会发生微碰撞，造成低频模态的振动能量向高频模态传递，使结构出现倍频响应。此外，连接接触缝隙是结构系统不确定性的重要来源，使结构振动响应出现混沌。

1.6 本书的主要研究内容

本书针对复杂结构系统中广泛存在的连接接触问题，提出可以描述连接接触非线性力学行为的连接结构本构模型，开展了理论推导、数值计算和实验研究工作。本书的主要研究内容如下。

(1) 连接结构本构模型理论研究

根据 Iwan 模型理论，提出可以同时描述连接结构能量耗散幂次关系和连接接触界面残余刚度的改进密度函数，推导改进 Iwan 模型的解析表达式。

(2) 连接结构本构模型在数值分析中的实现

根据连接结构实验所获得的力-位移关系以及能量耗散-加载力幅值关系，选取适当的参数，对模型进行参数识别；推导模型离散化方法，将改进 Iwan 模型转换为有限个 Jenkins 单元，用于数值模拟应用。

(3) 螺栓连接界面特性实验研究

开展螺栓连接结构的静、动态实验，研究不同的表面粗糙度、螺栓数量、螺栓排布方式对螺栓连接结构力-位移关系、等效摩擦系数和能量耗散的影响。

(4) 含螺栓连接的结构动力学响应研究

开展含有四个螺栓对称分布的薄壁圆筒的振动实验，获取能量耗散、结构刚度、幅频特性的实验结果。根据单螺栓实验结果对连接结构本构模型进行参数识别和离散化，将其应用于薄壁圆筒试件的有限元分析，验证模型的适用性。

本书的研究目标：提出适用性更强的连接结构模型及其动力学计算方法，并初步应用于螺栓连接结构分析，为复杂结构系统的建模和预测仿真提供参考。

参 考 文 献

[1] 吴志刚, 王本利, 马兴瑞. 在轨航天器连接结构动力学及其参数辨识 [J]. 宇航学报, 1998, 19 (3): 103-109.

[2] Padmanabhan K K, Murty A S R. Damping in structural joints subjected to tangential loads [J]. Proceedings of the Institution of Mechanical Engineers, Part C: Journal of Mechanical Engineering Science, 1991, 205 (2): 121-129.

[3] Padmanabhan K K. Prediction of damping in machined joints [J]. International Journal of Machine Tools and Manufacture, 1992, 32 (3): 305-314.

[4] Bograd S, Reuss P, Schmidt A, et al. Modeling the dynamics of mechanical joints [J]. Mechanical Systems and Signal Processing, 2011, 25 (8): 2801-2826.

[5] Ferri A A. Friction damping and isolation systems [J]. Journal of mechanical Design, 1995, 117 (B): 196-206.

[6] Ibrahim R A. Friction-induced vibration, chatter, squeal, and chaos-part I: Mechanics of contact and friction [J]. Applied Mechanics Reviews, 1994, 47 (7): 209-226.

[7] Ibrahim R A. Friction-induced vibration, chatter, squeal, and chaos—part II: dynamics and modeling [J]. Applied Mechanics Reviews, 1994, 47 (7): 227-253.

[8] Beards C F. Damping in structural joints [J]. Shock and Vibration Information Center The Shock and Vibration Digest, 1982, 14 (6): 9-11.

[9] Jones D I G. Damping of dynamic systems [J]. The Shock and vibration digest, 1990, 22 (4): 3-10.

[10] Armstrong-Hélouvry B, Dupont P, Wit C C D. A survey of models, analysis tools and compensation methods for the control of machines with friction [J]. Automatica, 1994, 30 (7): 1083-1138.

[11] Olsson H, Åström K J, Wit C C D, et al. Friction models and friction compensation [J]. European Journal of Control, 1998, 4 (3): 176-195.

[12] Singer I L, Pollock H. Fundamentals of friction: macroscopic and microscopic processes [M]. Berlin: Springer Science & Business Media, 2012.

[13] Martins J A C, Oden J T, Simoes F M F. A study of static and kinetic friction [J]. International Journal of Engineering Science, 1990, 28 (1): 29-92.

[14] Selvadurai A, Boulon M. Mechanics of geomaterial interfaces [M]. Amsterdam: Elsevier, 1995.

[15] Selvadurai A, Voyiadjis G. Mechanics of material interfaces [M]. Amsterdam: Elsevier, 1986.

[16] Johnson K L. Contact mechanics [M]. London: Cambridge University Press, 1987.

[17] Kalker J J. Three-dimensional elastic bodies in rolling contact [M]. Berlin: Springer Science & Business Media, 2013.

[18] Lötstedt P. Mechanical systems of rigid bodies subject to unilateral constraints [J]. SIAM Journal on Applied Mathematics, 1982, 42 (2): 281-296.

[19] Moreau J J. Nonsmooth mechanics and applications [M]. Berlin: Springer, 2014.

[20] Hanss M, Oexl S, Gaul L. Identification of a bolted-joint model with fuzzy parameters loaded normal to the contact interface [J]. Mechanics Research Communications, 2002, 29 (2): 177-187.

[21] Ibrahim R, Pettit C. Uncertainties and dynamics problems of bolted joints and other fasteners [J]. Journal of sound and vibration, 2005, 279 (3-5): 857-936.

[22] Groper M, Hemmye J. Partial slip damping in high strength friction grip bolted joints [C] // Proceedings of the Fourth International Conference of Mathematical Modeling, 1983.

[23] Heinstein M W, Segalman D J. Bending Effects in the Frictional Energy Dissipation in Lap Joints [R]. Sandia National Laboratories, 2002.

[24] Segalman D J, Gregory D L, Starr M J, et al. Handbook on dynamics of jointed structures [R]. Sandia National Laboratories, 2009.

[25] Ungar E E. Energy dissipation at structural joints: mechanisms and magnitudes [R]. Bolt Beranek and Newman Inc Cambridge MA, 1964.

[26] Goodman L E. Contributions of continuum mechanics to the analysis of the sliding of unlubricated solids [C] //Symposium Series of the ASME Applied Mechanics Division. 1980, 39: 1-12.

[27] Smallwood D O, Gregory D, Coleman R G. Damping investigations of a simplified frictional shear joint [C] //Proceedings of the 71st Shock and Vibration Symposium, SAVIAC, The Shock and Vibration Information Analysis Center, 2000.

[28] 刘丽兰, 刘宏昭, 吴子英, 等. 机械系统中摩擦模型的研究进展 [J]. 力学进展, 2008, 38 (2): 201-213.

[29] 丁千, 翟红梅. 机械系统摩擦动力学研究进展 [J]. 力学进展, 2013 (1): 112-131.

[30] Gaul L, Nitsche R. The role of friction in mechanical joints [J]. Applied Mechanics Reviews, 2001,

54 (2): 93-106.

[31] Oden J T, Martins J A C. Models and computational methods for dynamic friction phenomena [J]. Computer methods in applied mechanics and engineering, 1985, 52 (1-3): 527-634.

[32] Segalman D J. An Initial Overview of Iwan Modeling for Mechanical Joints [R]. Sandia National Laboratories, 2001.

[33] 张相盟. 摩擦连接的结构非线性动力学研究 [D]. 哈尔滨：哈尔滨工业大学, 2013.

[34] Askari E, Flores P, Dabirrahmani D, et al. A review of squeaking in ceramic total hip prostheses [J]. Tribology International, 2016, 93: 239-256.

[35] Gonçalves D, Graça B, Campos A V, et al. On the friction behaviour of polymer greases [J]. Tribology International, 2016, 93: 399-410.

[36] Dahl P R. Solid friction damping of spacecraft oscillations [C]//Proceedings of the Guidance and Control Conference, 1975.

[37] Dahl P R. Solid Friction Damping of Mechanical Vibrations [J]. AIAA Journal, 1976, 14 (12): 1675-1682.

[38] Haessig D A, Friedland B. On the Modeling and Simulation of Friction [J]. Proceedings of SPIE-The International Society for Optical Engineering, 1990, 1482 (3): 1256-1261.

[39] Wit C C D, Olsson H, Astrom K J, et al. A New Model for Control of Systems with Friction [J]. IEEE Transactions on Automatic Control, 1995, 40 (3): 419-425.

[40] Wit C C D, Horowitz R, Tsiotras P. Model-based observers for tire/road contact friction prediction [J]. Lecture Notes in Control & Information Sciences, 1999, 244: 23-42.

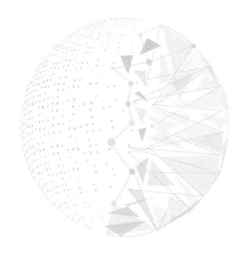

第 2 章

平板搭接结构能量耗散特性研究

2.1 引言

连接结构广泛存在于各类工程结构中,主要有螺栓/螺纹连接、搭接连接、楔环连接、铆接连接等结构形式。连接接触界面上法向约束力分布并不均匀,在约束力足够大的接触区域,外载荷引起的剪切力不足以克服接触界面上的最大摩擦力,接触界面处于黏滞状态。在约束力较小的接触区域,外载荷引起的剪切力能够克服接触界面上的摩擦力,接触界面发生滑移。当切向载荷较小时,接触界面上大部分区域处于黏滞状态,只有很小一部分区域发生微观滑移。随着外载荷不断增加,滑移区域逐渐增大,黏滞区域逐渐减小,直到某一时刻黏滞区域变为零,整个接触面发生相对运动,即发生宏观滑移。

Goodman 指出连接接触表面上的微、宏观滑移会引起能量耗散,并研究了弹性半无限长杆的能量耗散问题。结果表明,接触表面上的能量耗散与外载荷之间存在幂次关系,且推导得到了该幂指数的理论值为 3.0。Ungar 对焊接、铆接、螺栓连接结构开展了一系列振动实验,主要分析了螺栓预紧力、试件的几何尺寸、材料属性、接触面的抛光度以及大气压力对连接阻尼的影响,实验表明幂次关系小于 3.0。这些都表明 Goodman 能量耗散模型预测与实验结果并不一致。

本章在 Goodman 能量耗散模型基础上,引入修正摩擦模型,针对 Segalman 文献中所采用的平板搭接(flat lap)结构,推导得到可以更准确反映能量耗散幂次关系的理论模型。2.2 节为模型理论推导;2.3 节简要介绍了接触有限元方法;2.4 节为平板搭接结构有限元数值计算。

2.2 平板搭接结构能量耗散力学模型

2.2.1 Goodman 能量耗散模型

Goodman 研究发现,含有滑移现象和库仑摩擦接触的系统具有能量耗散特性,且能量耗散与外载荷符合幂次关系。他建立了一维弹性半无限长杆接触摩擦模型,讨论了法向预紧力和切向外载荷共同作用下的接触界面能量耗散。模型假设半无限长杆为弹性杆,均匀的线载荷作用于上、下刚性夹具,夹具与杆之间为库仑摩擦模型。弹性半无限长杆受到切向循环外载荷作用,如图 2.1 所示。

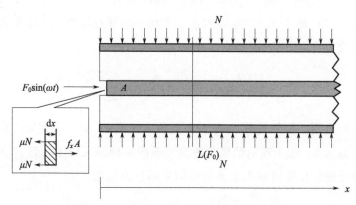

图 2.1 一维弹性半无限长杆接触摩擦模型

图 2.1 中 A 为弹性半无限长杆的横截面积,N 为法向作用的均匀线载荷,其量纲为 N/m,μ 为库仑摩擦系数,F_0 为切向外载荷幅值,$L(F_0)$ 为滑移区边界。$0 \leqslant x < L(F_0)$ 的区域为滑移区,取一段微元 dx,其平衡关系为

$$f_x A dx + 2\mu N dx = 0 \tag{2.1}$$

即

$$f_x A = -2\mu N \tag{2.2}$$

不考虑泊松比,令杆的弹性模量为 E,杆上 x 位置的位移为 u,则位移形式的一维平衡微分方程为

$$E \frac{\partial^2 u}{\partial x^2} + f_x = 0 \tag{2.3}$$

由式(2.2) 和式(2.3) 可得到

$$EA\frac{\partial^2 u}{\partial x^2} = 2\mu N \tag{2.4}$$

$x \geqslant L(F_0)$ 的区域为黏滞区,弹性杆与夹具之间不发生相对滑动,即

$$u(x) \equiv 0 \tag{2.5}$$

由式(2.4)和如式(2.6)所示的边界条件可得到位移 $u(x)$ 和滑移区边界 $L(F_0)$ 的解。

$$u(L) = 0 \quad \frac{\mathrm{d}u}{\mathrm{d}x}\bigg|_{u=L} = 0 \quad \frac{\mathrm{d}u}{\mathrm{d}x}\bigg|_{u=0} = -\frac{F_0}{EA} \tag{2.6}$$

$$u(x) = \frac{\mu N}{EA}(L-x)^2 \quad (0 \leqslant x < L) \tag{2.7}$$

$$L(F_0) = \frac{F_0}{2\mu N} \tag{2.8}$$

根据式(2.7)和式(2.8)可得到在一个加载循环过程中,由摩擦力作用所引起的能量耗散为

$$D = 4\int_0^{L(F_0)} u(x)(2\mu N)\mathrm{d}x = \frac{F_0^3}{3EA\mu N} \tag{2.9}$$

式(2.9)表明,能量耗散 D 与切向加载力幅值 F_0 的三次方成正比,能量耗散幂次关系为3.0。这个理论结果与幂次关系的实验结果并不一致。下面考虑建立可以准确反映能量耗散幂次关系实验结果的理论模型。

2.2.2 修正摩擦能量耗散模型

针对平板搭接结构,提出如图2.2所示的一维模型,O 点为接触界面的中点。在预紧力作用下,连接结构接触表面上的法向压力呈现非均匀分布。当有切向外载荷作用时,在法向约束力较大的区域内,外载荷引起的剪切力不足以克服接触界面上的最大摩擦力,界面不发生相对运动,这个区域称为黏滞区。在法向约束力较小的区域内,界面发生相对运动,这个区域称为滑移区。$x=L$ 为滑移区与黏滞区的分界线;$x>L$ 的区域为黏滞区;$x<L$ 的区域为滑移区。

由于搭接结构试件的几何尺寸在 10^{-2} m 量级,远大于平板搭接结构在微观滑移情况下的滑移量级(10^{-5} m),因此可近似认为相对位移分布、法向压力分布以及滑移区关于 O 点对称。取 O 点右侧的接触表面进行分析,将接触表面滑移区的相对位移分布 u、法向压力分布 p 设为关于位置 x 的指数函数,将滑移区尺寸 L 设为切向外载荷 F_0 的指数函数,于是得到

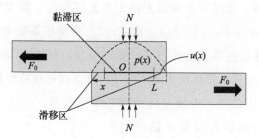

图 2.2 平板搭接结构模型

$$\begin{cases} p = p(x) = C_p x^\alpha \\ u = u(x) = C_u x^\beta \\ L = L(F_0) = C_L F_0^\gamma \end{cases} \quad (2.10)$$

式中，α、β 和 γ 均为指数参数；C_p、C_u 和 C_L 为常数，其中 C_p 的量纲为 $\text{N/m}^{\alpha+1}$，C_u 的量纲为 $\text{m}^{1-\beta}$，C_L 的量纲为 m/N^γ。

令摩擦系数为 μ，于是可以得到一维平板搭接结构能量耗散表达式。

$$D = \int_0^{L(F_0)} \mu p(x) u(x) \, dx \quad (2.11)$$

当接触表面的摩擦模型为库仑摩擦模型时，则 $\mu = \mu_0$ 为常数，将式(2.10)代入式(2.11)进行积分可得库仑摩擦情况下平板搭接结构能量耗散表达式。

$$D_{\text{Coulomb}} = 4\mu_0 C_p C_u C_L^{\alpha+\beta+1} F_0^{\gamma(\alpha+\beta+1)} \quad (2.12)$$

由式(2.12)可知，当接触表面为库仑摩擦模型时，能量耗散与切向外载荷幅值的 $\gamma(\alpha+\beta+1)$ 次方成正比，即幂次关系为 $\gamma(\alpha+\beta+1)$。

Rabinowitcz 开展的材料摩擦磨损研究表明，接触表面的摩擦系数与法向压力相关。当法向压力较大时，接触表面的摩擦系数近似为常数；当法向压力较小时，摩擦系数与法向压力成指数相关。由此建立如下所示的修正摩擦模型。

$$\mu = \mu(p) = \mu_0 \left(\frac{p}{p_0}\right)^\delta \quad (2.13)$$

式中引入 δ 作为描述指数关系的参数，μ_0、p_0 均为常数。由式(2.10)和式(2.13)可将摩擦系数写为位置 x 的函数表达式。

$$\mu(x) = \mu_0 \left[\frac{p(x)}{p_0}\right]^\delta = \frac{C_p^\delta \mu_0}{p_0^\delta} x^{\delta\alpha} \quad (2.14)$$

将式(2.10)、式(2.14)代入式(2.11)进行积分，于是得到修正摩擦模型情况下的能量耗散表达式。

$$D = \frac{4\mu_0 C_p^{1+\delta} C_u C_L^{\alpha+\beta+1+\delta\alpha}}{p_0^\delta} F_0^{\gamma(\alpha+\beta+1+\delta\alpha)} \quad (2.15)$$

式(2.15)表明,考虑接触表面为修正摩擦模型时,能量耗散与切向外载荷幅值的幂次关系为 $\gamma(\alpha+\beta+1+\delta\alpha)$。式(2.15)将摩擦系数考虑为分布函数,与式(2.12)相比适用性更强。由式(2.7)和式(2.8)可知,Goodman模型中位移 $u(x)$ 与 x 成平方关系,滑移区边界 $L(F_0)$ 与切向外载荷幅值 F_0 呈线性关系,法向约束力为均匀线载荷,接触表面为库仑摩擦模型。Goodman模型所对应的修正摩擦能量耗散模型各指数参数分别为 $\alpha=0$,$\beta=2$,$\gamma=1$,$\delta=0$。根据式(2.15)可得

$$D = 4\mu_0 C_p C_u C_L^3 F_0^3 \qquad (2.16)$$

此时幂次关系与Goodman模型一致,修正摩擦能量耗散模型退化为Goodman模型。

2.3 接触有限元方法

2.3.1 接触问题的约束描述

按照接触体材料类型,可将接触问题划分为四类,分别是弹性体接触(弹性体与弹性体、弹性体与刚体等)、弹塑性体接触(弹塑性体与弹塑性体、弹塑性体与刚体、弹塑性体与弹性体等)、黏弹性体接触(黏弹性体与刚体、黏弹性体与弹性体、黏弹性体与弹塑性体、黏弹性体与黏弹性体等)以及其他黏弹塑性体的接触等。

以下基本假设是接触分析的基础。第一,当不考虑摩擦效应时,认为接触表面光滑连续;第二,当考虑摩擦效应时,接触表面服从库仑摩擦定律;第三,接触表面的润滑作用通过摩擦系数来反映;第四,接触表面的力学边界条件和几何边界条件均用节点参量(节点位移 U 和接触内力 R)来表示。

接触问题的法向约束条件有非贯穿性条件和压力条件。非贯穿性条件是指在任意时刻任一物体上的质点不能同时属于另一个物体,需要借助于一个定义在边界上的距离函数 g_N 来描述,通常设 $g_N \geqslant 0$。压力条件是指接触区域上法向力必须为压力,即 $p_N \leqslant 0$。只有当距离函数 $g_N = 0$ 时才有压力,即只有接触区域才能传递作用力,此时 $p_N \neq 0$,于是有 $p_N g_N = 0$,因此两连续体接触的法向约束条件为

$$g_N \geqslant 0 \quad p_N \leqslant 0 \quad p_N g_N = 0 \qquad (2.17)$$

接触问题的切向约束条件为

$$\|p_T\| \leqslant \mu p_N \quad u_T = \lambda p_T \tag{2.18}$$

式中，μ 为摩擦系数。

式(2.18)表明：当施加的切向力小于摩擦力时，接触表面无切向滑动，因此 $\lambda = 0$，切向位移 u_T 恒为 0；当施加的切向力达到摩擦力时，$\lambda \geqslant 0$，此时接触表面发生切向滑动。

在两个变形体的小应变无摩擦接触中，主动接触体表面点 S 与目标接触体表面点 T 之间的间隙函数可写为

$$g(x) = g_0(x) + \{u_S(x) - u_T[\overline{y}(x)]\} n_S(x) \tag{2.19}$$

$$g_0(x) = [x - \overline{y}(x)] n_S(x) \tag{2.20}$$

式中，x 是点 S 的坐标；$\overline{y}(x)$ 是点 T 的坐标；$g_0(x)$ 是初始间隙；$n_S(x)$ 是点 S 处外法线方向余弦向量。$\overline{y}(x) = \min\|x - y\|, y \in \Gamma_c^T$，其中 Γ_c^T 为目标接触体的接触边界。

当考虑许多接触点时，对于不同的接触状态，可将第 $i+1$ 步迭代后的位移约束判定条件写为一般形式。

$$\delta_i - L_i \Delta u_{i+1} = 0 \tag{2.21}$$

这里 δ_i 包含对应于许多交叠节点的修正位移（第 i 次迭代得出的结果），L_i 是整个接触问题的约束系数矩阵，而 Δu_{i+1} 是第 $i+1$ 次迭代的位移增量。

接触状态是否为黏着（sticking）、滑动（sliding）或分离（separate）是由接触边界上的接触力来决定的。通常接触力可通过式(2.22)进行计算：

$$R_{c,i+1} = R_{c,i} + (\varepsilon L_i^T \delta_i - \varepsilon L_i^T L_i \Delta u_{i+1}) \tag{2.22}$$

式中，$R_{c,i}$ 是该增量载荷步中第 i 次迭代的接触力；ε 为任意的罚数。

当解在一定容差范围内满足位移约束 $\delta_i - L_i \Delta u_{i+1} = 0$ 时，解具有足够的精度，则接触力向量的迭代计算也完成。在每次迭代过程中，由于罚数的任意性，它对迭代结果会有显著的影响。通常采用较小的罚数可以得到较好的结果。但是，这会出现收敛较慢的缺点。如果选择较大的罚数，则有可能使计算出现振荡。

2.3.2 罚函数法增量有限元方程

无约束系统的能量泛函可写为

$$\Pi(u) = \frac{1}{2} k u^2 - mgu \tag{2.23}$$

在式(2.23)中添加一个惩罚项可以得到

$$\Pi(u) = \frac{1}{2} k u^2 - mgu + \frac{1}{2} \varepsilon [c(u)]^2 \quad \varepsilon > 0 \tag{2.24}$$

式中，ε 为罚数，相当于介于质点和接触表面之间的一个弹簧的刚度，如图 2.3 所示。

对式(2.24)求变分可得

$$ku\delta u - mg\delta u - \varepsilon c(u)\delta u = 0 \qquad (2.25)$$

于是得到含有罚数的系统位移解为

$$u = \frac{mg + \varepsilon h}{k + \varepsilon} \qquad (2.26)$$

因此约束方程的值为

$$c(u) = h - u = \frac{kh - mg}{k + \varepsilon} \qquad (2.27)$$

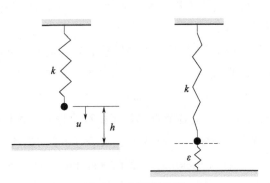

图 2.3　惩罚项定义

因为在接触时有 $mg \geqslant kh$，所以式(2.27)表明质点穿透进入了接触表面内，但这种穿透依赖罚数 ε。当 ε 趋于 ∞ 时，$c(u)$ 趋于 0，约束就得到满足。由式(2.25)和式(2.27)可得接触反力为

$$f_R = \varepsilon c(u) = \frac{\varepsilon}{k + \varepsilon}(kh - mg) \qquad (2.28)$$

采用罚函数法的有限元增量方程为

$$({}^t K + \varepsilon L_i^T L_i)\Delta u_{i+1} = {}^{t+\Delta t}R - {}^{t+\Delta t}F_i + \varepsilon L_i^T \delta_i + {}^{t+\Delta t}R_{c,i} \qquad (2.29)$$

如果 ε 与 ${}^t K$ 中的元素相比足够大，则可以准确排除早先的网格交叠，就能得到位移 Δu_{i+1}。通常 ε 不能控制到这种程度，以致早先的交叠不能完全去除。在这种情况下，需要对式(2.29)继续进行迭代，直到满足位移约束条件 $\delta_i - L_i \Delta u_{i+1} = 0$，从而获得足够的精度。

罚函数法的优点是数值上实施比较容易，不足之处在于罚函数刚度需要人为输入，使分析结果因人而异，且不一定正确。

2.3.3 Lagrange 乘子法增量有限元方程

在无约束能量泛函中引入包含约束条件的项，得到

$$\Pi(u) = \frac{1}{2}ku^2 - mgu + \lambda c(u) \quad (2.30)$$

式中，λ 称为 Lagrange 乘子。

在物理上，λ 相当于约束反力，即在能量表达式中加入反力项。与罚函数法不同的是，Lagrange 乘子作为独立变量，参与变分。对式(2.30)求变分可得

$$ku\delta u - mg\delta u - \lambda\delta u = 0 \quad (2.31)$$

$$c(u)\delta\lambda = 0 \quad (2.32)$$

式(2.31)表示质点与接触表面发生接触时，包含反力在内的力平衡关系，式(2.32)表示系统的解满足约束条件 $u=h$。在该条件下，求解式(2.31)可得

$$\lambda = kh - mg = f_R \quad (2.33)$$

如果该反力满足约束条件 $f_R \leqslant 0$，则解正确；否则 $\lambda = f_R = 0$，$u = mg/k$。

Lagrange 乘子法的特点是增加了系统变量数目，并且使系统矩阵主对角线元素为 0。Lagrange 乘子法常用于采用特殊的界面单元描述接触的问题分析。该方法限制了接触体之间的相对运动量，并且需要预先知道接触发生的准确部位，以便施加界面单元。

2.4 算例分析

Segalman 开展了平板搭接结构能量耗散实验研究，所采用的试件如图 2.4 所示，其几何尺寸如图 2.5 所示。连接件 A 与连接件 B 在沿 y 方向约束力作用下紧固结合在一起，连接件 A 的左端面固支，受 x、y、z 三个方向位移约束，沿 x 方向的位移载荷作用在连接件 B 的右端面。

图 2.4 平板搭接结构试件

实验试件材料为 AISI4340 钢，其弹性模量为 2.1×10^5 MPa，泊松比为 0.3，接触表面粗糙度为 $0.8\mu m$。Ulutan 等的实验研究表明，表面粗糙度为 $0.8\mu m$ 的 AISI4340 材料摩擦系数约为 0.70。于是在 ANSYS 中建立如图 2.6 所示的平板

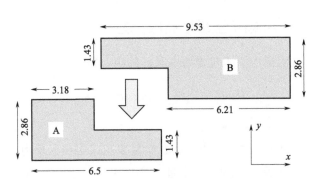

图 2.5 试件几何参数（单位：cm）

搭接结构有限元模型。选择材料本构模型为线弹性本构模型，选用 SOLID45 六面体单元进行网格划分，忽略接触塑性，采用 CONTA174 和 TARGE170 单元建立面-面接触对。有限元模型单元总数为 41370。

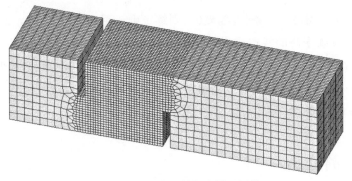

图 2.6 平板搭接结构有限元网格

2.4.1　接触算法对计算结果的影响

首先讨论不同接触算法对计算结果的影响。在 ANSYS 中通过调整法向接触刚度系数 FKN 来定义罚刚度，FKN 值越大则罚刚度越大，其缺省值为 0.1。为了尽可能避免接触面穿透，于是将 FKN 值调为 1.0。分别采用罚函数法和 Lagrange 乘子法开展平板搭接结构单调拉伸数值计算，平板搭接结构所受法向约束力为 5338N，加载的外力幅值为 1400N，采用库仑摩擦模型，摩擦系数为 0.70。两种方法计算结果对比如图 2.7 所示。

由以上结果可知，对于平板搭接这个简单组合结构，采用 Lagrange 乘子法和罚函数法进行计算所得到的结果是较吻合的。接下来的算例中，接触计算均采用 Lagrange 乘子法。

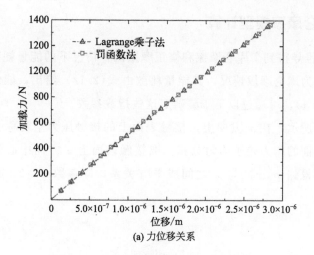

(a) 力位移关系

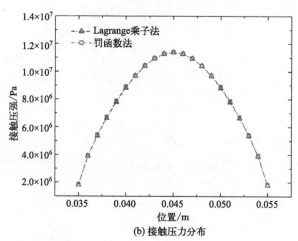

(b) 接触压力分布

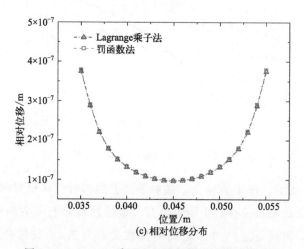

(c) 相对位移分布

图 2.7 Lagrange 乘子法和罚函数法计算结果对比

2.4.2 库仑摩擦模型计算

2.2 节中推导得到了库仑摩擦和修正摩擦两种情况下的能量耗散模型。首先考虑接触表面为库仑摩擦情况,其能量耗散由式(2.12)给出,能量耗散幂次关系为 $\gamma(\alpha+\beta+1)$。可通过以下步骤确定这些指数参数。

如图 2.8 所示,在 x 方向上,接触表面上的接触压力呈对称分布。在 z 方向上,接触表面的压力趋于均匀分布。取接触表面上 z 方向中心处的 $p(x)$ 曲线进行拟合,得到 $p(x)$ 与 x 之间成平方关系,即参数 $\alpha=2$。其拟合结果如图 2.9 所示。

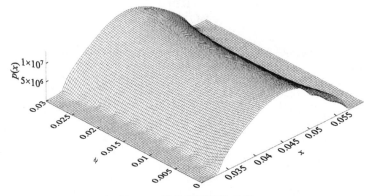

图 2.8 接触表面压力分布

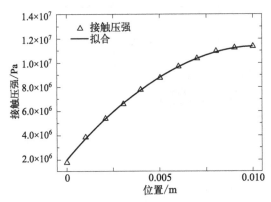

图 2.9 接触表面压力拟合结果

如图 2.10 所示,在 x 方向上,接触表面上的相对位移呈对称分布。在 z 方向上,接触表面的相对位移趋于均匀分布。取接触表面上 z 方向中心处的 $u(x)$ 曲线进行拟合,得到 $u(x)$ 与 x 之间的指数关系为 2.4,其即参数 $\beta=2.4$。其拟合结果如图 2.11 所示。

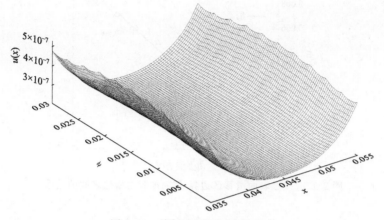

图 2.10　接触表面相对位移分布

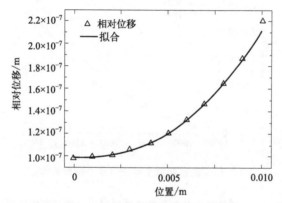

图 2.11　接触表面相对位移拟合结果

接触表面滑移区边界-切向加载力幅值之间的关系如图 2.12 所示。在对数坐标系下进行线性拟合,所得直线的斜率为 0.54,即 $\gamma=0.54$。将以上计算结果代入库仑摩擦能量耗散模型的幂次关系,得到 $\gamma(\alpha+\beta+1)=2.916$。

对平板搭接结构有限元模型施加循环载荷,获取力-位移迟滞回线。为了与实验研究结果进行对比,考虑平板搭接结构所受法向约束力为 5338N,法向加载力幅值分别为 534N、800N、1068N 和 1423N。每一个加载循环过程的迟滞回线所围成的封闭区域的面积即为能量耗散。计算结果与实验结果的对比如图 2.13 和表 2.1 所示。由计算结果可知,随着切向加载力的增大,由接触表面摩擦所引起的能量耗散也逐渐增大。切向加载力幅值为 534N 时,库仑摩擦计算结果与实验结果符合较好,但随着切向加载力的增大,库仑摩擦模型不再适用,计算结果逐渐偏离实验结果。

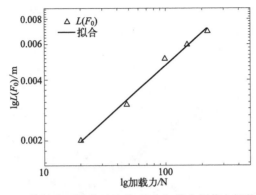

图 2.12 接触表面滑移区边界-切向加载力幅值之间的关系

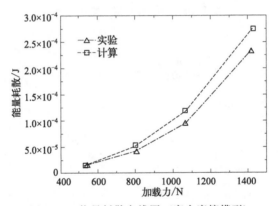

图 2.13 能量耗散点线图(库仑摩擦模型)

表 2.1 能量耗散计算与实验结果对比(库仑摩擦模型)

切向加载力幅值/N	534	800	1068	1423
实验/J	$1.52×10^{-5}$	$4.13×10^{-5}$	$9.41×10^{-5}$	$2.35×10^{-4}$
计算/J	$1.58×10^{-5}$	$5.15×10^{-5}$	$1.18×10^{-4}$	$2.75×10^{-4}$
误差/%	3.95	24.70	25.40	17.02

库仑摩擦计算结果与实验结果在对数坐标系下的拟合如图 2.14 所示。图中拟合直线的斜率即为能量耗散的幂次关系。由图可知,幂次关系的计算结果为 2.907,这与库仑摩擦能量耗散模型的理论值 2.916 是基本一致的。幂次关系的实验结果为 2.786,计算结果与实验结果之间存在一定的差距。

下面讨论在库仑摩擦情况下,不同摩擦系数对能量耗散计算结果的影响。分别将摩擦系数设置为 0.60、0.63、0.67、0.70 和 0.73,开展平板搭接结构在循环载荷作用下的能量耗散计算。考虑法向约束力为 5338N,切向加载力幅值分别为 534N、800N、1068N 和 1423N,计算结果如图 2.15 所示。结果表明,摩擦

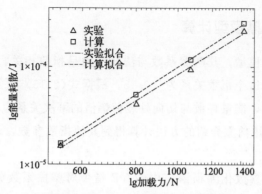

图 2.14 库仑摩擦计算结果与实验结果在对数坐标系下的拟合

系数越小,平板搭接结构能量耗散越大。随着摩擦系数的增大,平板搭接结构在相同外载荷作用下的能量耗散逐渐减小。虽然计算所得能量耗散数值存在差异,但幂次关系几乎一致。库仑摩擦模型虽然能够反映能量耗散幂次关系,但和实验结果相比仍有较大误差。

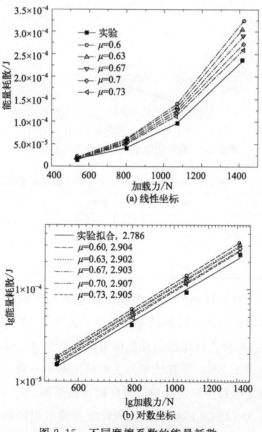

图 2.15 不同摩擦系数的能量耗散

2.4.3 修正摩擦模型计算

对于修正摩擦模型，其摩擦系数与法向压力呈指数相关，Rabinowitcz 的实验研究结果表明，这个指数关系为 -0.15。根据式(2.15)可知，考虑接触表面为修正摩擦模型时，能量耗散与切向外载荷幅值的幂次关系为 $\gamma(\alpha+\beta+1+\delta\alpha)$。取 $\delta=-0.15$，采用前文介绍的方法计算得到其他指数参数，最终得到幂次关系的理论值为 2.754。

通过 ANSYS 参数化编程语言中的 TB 指令对摩擦系数分布进行定义，取 $\delta=-0.15$ 开展平板搭接结构修正摩擦数值计算，考虑平板搭接结构所受法向约束力为 5338N，切向加载力幅值分别为 534N、800N、1068N 和 1423N。将计算结果与实验结果进行对比，如图 2.16 和表 2.2 所示。

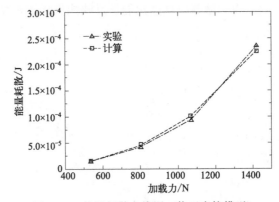

图 2.16　能量耗散点线图（修正摩擦模型）

表 2.2　能量耗散计算与实验结果对比（修正摩擦模型）

切向加载力幅值/N	534	800	1068	1423
实验/J	1.52×10^{-5}	4.13×10^{-5}	9.41×10^{-5}	2.35×10^{-4}
计算/J	1.51×10^{-5}	4.55×10^{-5}	1.01×10^{-4}	2.26×10^{-4}
误差/%	-0.66	10.17	7.33	-3.42

修正摩擦模型计算结果与实验结果在对数坐标系下的拟合如图 2.17 所示。图中拟合直线的斜率即为能量耗散的幂次关系。由图 2.17 可知，幂次关系的计算结果为 2.760，这与修正摩擦能量耗散模型的理论值 2.754 是基本一致的。幂次关系的实验结果为 2.786，计算结果与实验结果基本一致。与库仑摩擦模型相比，修正摩擦模型能够得到更准确的能量耗散计算结果。

在切向加载力为 1423N 的情况下，两种摩擦模型迟滞回线如图 2.18 所示。

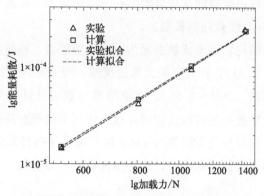

图 2.17 修正摩擦模型计算结果与实验结果在对数坐标系下的拟合

库仑摩擦模型和修正摩擦模型计算所得迟滞回线差异不大,但是这种比较是很粗糙的,从前文分析来看,两个模型的能量耗散差异是比较大的,库仑摩擦模型能量耗散为 2.75×10^{-4} J,修正摩擦模型能量耗散为 2.26×10^{-4} J。

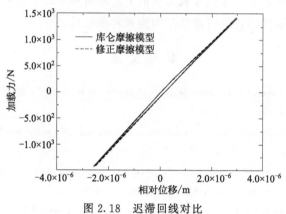

图 2.18 迟滞回线对比

图 2.18 显示,平板搭接结构在拉伸阶段和压缩阶段的刚度并不相同,迟滞回线呈现拉压不对称特征。实际工程中存在大量的不对称结构构型,在拉伸、压缩载荷作用下连接刚度并不相同,会造成不对称的迟滞回线。后文将对这种现象进行深入讨论。

2.5 本章小结

本章在 Goodman 能量耗散模型基础上,引入修正摩擦模型,针对实验研究所采用的平板搭接结构,建立了可以更准确反映能量耗散幂次关系实验结果的理论模型。所提出的修正摩擦能量耗散模型在一定情况下可以退化为库仑摩擦能量耗散模型和 Goodman 能量耗散模型。

针对平板搭接结构,考虑接触表面为库仑摩擦模型,根据所提出的理论模型可得到幂次关系为 2.916。开展有限元数值模拟,得到不同摩擦系数情况下的幂次关系计算值范围是 2.903~2.907。理论结果与数值计算结果符合较好。随着摩擦系数的增大,平板搭接结构在相同外载荷作用下的能量耗散逐渐减小,但幂次关系几乎一致。切向加载力幅值为 534N 时,库仑摩擦计算结果与实验结果符合较好,但随着切向加载力的增大,库仑摩擦模型不再适用,计算结果逐渐偏离实验结果。

考虑接触表面为修正摩擦模型,幂次关系的计算结果为 2.760,这与修正摩擦能量耗散模型的理论值 2.754 是基本一致的。幂次关系的实验结果为 2.786,计算结果与实验结果基本一致。与库仑摩擦模型相比,修正摩擦模型能够得到更准确的能量耗散计算结果。与库仑摩擦模型相比,修正摩擦模型计算所得幂次关系更接近实验结果。不同切向加载力幅值下,能量耗散计算结果与实验结果误差更小,可以更准确地描述平板搭接结构能量耗散特性。

参 考 文 献

[1] Segalman D J, Gregory D L, Starr M J, et al. Handbook on dynamics of jointed structures [R]. Sandia National Laboratories,2009.

[2] Ungar E E. Energy dissipation at structural joints: mechanisms and magnitudes [R]. Bolt Beranek and Newman Inc Cambridge MA,1964.

[3] Goodman L E. Contributions of continuum mechanics to the analysis of the sliding of unlubricated solids [C] //Symposium Series of the ASME Applied Mechanics Division.

[4] Segalman D J. An Initial Overview of Iwan Modeling for Mechanical Joints [R]. Sandia National Laboratories,2001.

[5] Ungar E E. The status of engineering knowledge concerning the damping of built-up structures [J]. Journal of Sound and Vibration,1973,26 (1):141-154.

[6] 李一堃,郝志明. 平板搭接结构能量耗散特性研究 [J]. 固体力学学报,2014,35 (6):559-565.

[7] Rabinowicz E. Friction and wear of materials [M]. New York:Wiley,1965.

[8] Wriggers P. Computational Contact Mechanics [M]. Hoboken:John Wiley & Sons, LTD,2002.

[9] Brebbia C A. Computational Methods in Contact Mechanics [M]. Ashurst:WIT Press,2003.

[10] Ulutan M, Celik O N, Gasan H, et al. Effect of different surface treatment methods on the friction and wear behavior of AISI 4140 steel [J]. Journal of Materials Science & Technology,2010,26 (3):251-257.

[11] 龚曙光,谢桂兰,黄云清. ANSYS 参数化编程与命令手册 [M]. 北京:机械工业出版社,2009.

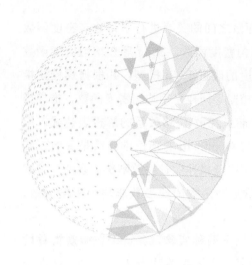

第 3 章

非均匀密度函数的六参数Iwan模型

3.1 引言

连接接触模型描述方法可分为两种：采用摩擦模型和接触算法的传统方法；采用本构模型和非线性算法的新方法。本书第 2 章研究工作所采用的即为传统方法，是以摩擦模型直接建立接触表面并采用接触算法进行分析的。摩擦模型有库仑摩擦模型、库仑摩擦＋静摩擦模型、库仑摩擦＋黏性模型以及Stribeck 模型等。有限元分析所采用的接触算法主要为罚函数法和Lagrange乘子法等。该方法的特点是摩擦模型形式简单明确，便于应用，但计算精度、收敛性受到网格规模、摩擦模型和算法的影响。网格精细化程度越高，计算时间步长越小，因此计算规模越大。同时，由于采用了接触分析方法，还存在难以收敛等困难。

新方法是指建立可以描述连接接触非线性力学行为的本构模型，即通过开展实验对连接接触表面特性进行研究，建立合适的本构模型对接触表面特性进行准确描述。具有代表性的本构模型有 Iwan 模型、Bouc-Wen 模型、Valanis 模型和剪切层模型。该方法的特点是能够准确描述接触非线性特性，并且不采用接触分析方法，因此使计算的收敛性更易得到保证。但需要通过相应的实验研究或精细化数值模拟对本构模型参数进行辨识，将其应用于数值模拟具有一定的难度。

Segalman 最早采用并联-串联形式的 Iwan 模型来描述连接接触非线性力学

行为,并且就 Iwan 模型密度函数与能量耗散之间的关系进行了讨论。密度函数是 Iwan 模型的核心。最早 Iwan 提出了均匀密度函数,Song 等在均匀密度函数的基础上建立了可以描述接触界面残余刚度的改进 Iwan 模型,并根据螺栓连接梁瞬态实验结果对模型进行参数辨识。张相盟等同样采用均匀密度函数,推导得出了并联-串联型 Iwan 模型力-位移关系、能量耗散-位移关系的解析表达式,所得幂次关系的解析解为 3.0。该结果虽然与 Goodman 的理论推导结果一致,却不能准确描述文献中的实验研究结果。为了准确描述能量耗散幂次关系的实验现象,Segalman 提出了含截断幂律分布和单脉冲函数的四参数非均匀密度函数,即四参数 Iwan 模型。

目前已有的连接结构实验研究得到了以下两种实验现象:①在微观滑移阶段,能量耗散-加载力幅值之间存在幂次关系,该幂次关系为 2.4~3.0;②在宏观滑移阶段,连接结构接触表面存在残余刚度。

张相盟、Song 等提出的模型仅能对实验现象②进行描述,但无法描述实验现象①;Segalman 提出的模型仅能对实验现象①进行描述,但无法描述实验现象②。

本章在现有 Iwan 模型研究工作基础上,提出可以同时描述微观滑移阶段能量耗散幂次关系和宏观滑移阶段残余刚度现象的六参数 Iwan 模型。3.2 节介绍了现有的 Iwan 模型;3.3 节提出了六参数非均匀密度函数;3.4 节推导了六参数 Iwan 模型的骨线方程、微观滑移卸载方程和宏观滑移卸载方程的解析表达式;3.5 节根据 Masing 假定推导了六参数 Iwan 模型在微、宏观滑移阶段的能量耗散解析表达式。

3.2 Iwan 模型

如图 3.1 所示,Iwan 模型含有一系列 Jenkins 单元。每一个 Jenkins 单元均由弹簧和滑块串联而成,可描述双线性迟滞行为。其力-位移关系如图 3.2 所示。其中 k_i 为单元刚度,f_i 为单元屈服力,φ_i 为单元屈服位移。Jenkins 单元刚度、屈服力和屈服位移满足

$$f_i = k_i \varphi_i \tag{3.1}$$

Jenkins 单元力-位移关系可表示为

$$f(x) = \begin{cases} k_i x & 0 < x \leqslant \varphi_i \\ f_i & x > \varphi_i \end{cases} \tag{3.2}$$

设 Iwan 模型中 Jenkins 单元的总数为 N,其中 n 个 Jenkins 单元在单调位移 x 作用下发生屈服,则 Iwan 模型所受外力 F 可写为

$$F = F(x) = \sum_{i=1}^{n} f_i + \sum_{j=n+1}^{N} k_j x \tag{3.3}$$

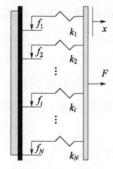

图 3.1 Iwan 模型

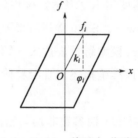

图 3.2 Jenkins 单元力-位移关系

考虑连续 Iwan 模型情况,即模型中 Jenkins 单元数量为 $N \to \infty$,假设 k 为每一个 Jenkins 单元的刚度,且单元屈服力 f 的分布情况满足密度函数 $r(f)$,则式(3.3)可改写为

$$F(x) = \int_0^{kx} f r(f) \mathrm{d}\varphi + \int_{kx}^{\infty} k x r(f) \mathrm{d}\varphi \tag{3.4}$$

式(3.4)为 Iwan 模型的数学表达式,其中的未知参数为单元刚度 k 和密度函数 $r(f)$。将式(3.4)对位移求二阶导数可得到外力 F 与密度函数 $r(f)$ 之间的关系为

$$r(f) = -\frac{1}{k^2} \times \frac{\partial^2 F(x)}{\partial x^2} \bigg|_{f=kx} \tag{3.5}$$

引入以下变量。

$$\rho(\varphi) = \frac{f}{k} \quad \varphi = k^2 r(f) \tag{3.6}$$

将式(3.6)分别代入式(3.4)和式(3.5)可消去参数 k,得到仅含有密度函数 $\rho(\varphi)$ 的 Iwan 模型数学表达式为

$$F(x) = \int_0^x \varphi \rho(\varphi) \mathrm{d}\varphi + \int_x^{\infty} x \rho(\varphi) \mathrm{d}\varphi \tag{3.7}$$

$$\rho(\varphi) = -\frac{\partial^2 F(x)}{\partial x^2} \bigg|_{\varphi=x} \tag{3.8}$$

Iwan 首先提出了均匀密度函数，Song 等在均匀密度函数中引入残余刚度的表述，其密度函数可写为

$$\rho(\varphi) = R\left[H(\varphi-\varphi_1) - H(\varphi-\varphi_2)\right] + K_\infty \delta(\varphi-\varphi_\infty) \tag{3.9}$$

式中，$H(\varphi)$、$\delta(\varphi)$ 分别为 Heaviside 和 Dirac 函数；φ_1、φ_2 分别为微观滑移和宏观滑移起始点；R 为描述屈服力分布的参数；接触界面在宏观滑移阶段的残余切向刚度用 K_∞ 表示，该均匀密度函数如图 3.3(a) 所示。

张相盟在 Iwan、Song 等研究的基础上推导得到了含有均匀密度函数和残余刚度描述的 Iwan 模型解析表达式。结果表明，含均匀密度函数和残余刚度描述的 Iwan 模型可以准确描述宏观滑移阶段的残余刚度现象，但不能准确描述幂次关系实验结果。

Segalman 提出了四参数非均匀密度函数，其表达式为

$$\rho(\varphi) = R\varphi^\alpha \left[H(\varphi) - H(\varphi-\varphi_2)\right] + K_2 \delta(\varphi-\varphi_2) \tag{3.10}$$

式中，$H(\varphi)$、$\delta(\varphi)$ 分别为 Heaviside 和 Dirac 函数；宏观滑移起始点用参数 φ_2 表示；R 为描述屈服力分布的参数；α 为描述幂次关系的参数；接触界面切向刚度在宏观滑移时刻的变化量用 K_2 表示。

四参数非均匀密度函数如图 3.3(b) 所示。

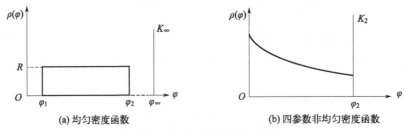

(a) 均匀密度函数　　(b) 四参数非均匀密度函数

图 3.3　Iwan 模型密度函数

结果表明，含四参数非均匀密度函数的 Iwan 模型可以准确描述能量耗散幂次关系，但无法描述宏观滑移阶段接触表面的残余刚度现象。

3.3　六参数非均匀密度函数

为了描述宏观滑移阶段接触表面的残余切向刚度，考虑在 Segalman 的四参数非均匀密度函数基础上添加新的 Dirac 函数。于是得到了含截断幂律分布和双脉冲的六参数非均匀密度函数，如图 3.4 所示，其表达式为

$$\rho(\varphi) = \begin{cases} R\varphi^\alpha \left[H(\varphi-\varphi_1) - H(\varphi-\varphi_2) \right] + K_2 \delta(\varphi-\varphi_2) + K_\infty \delta(\varphi-\varphi_\infty) & \varphi > 0 \\ 0 & \varphi = 0 \end{cases}$$

(3.11)

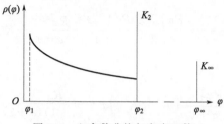

图 3.4 六参数非均匀密度函数

为了使宏观滑移阶段的残余刚度恒为 K_∞，φ_∞ 被设为宏观滑移后无穷远处的一点，因此模型推导中不会出现 φ_∞。R 为描述屈服力分布的参数，α 为描述幂次关系的参数。式(3.11)中的有效参数为六个（R、α、φ_1、φ_2、K_2 和 K_∞），因此本书称之为六参数密度函数。式(3.7)和式(3.11)共同组成六参数 Iwan 模型。

3.4 六参数 Iwan 模型力-位移关系

3.4.1 骨线方程

Iwan 模型在单调外载荷作用下的力-位移关系被称为骨线（backbone）方程。将式(3.11)代入式(3.7)进行积分。

当 $0 \leqslant x < \varphi_1$ 时，六参数 Iwan 模型积分形式为

$$F(x) = \int_0^x \varphi \rho(\varphi) \mathrm{d}\varphi + \int_x^\infty x \rho(\varphi) \mathrm{d}\varphi = \int_{\varphi_1}^\infty x \rho(\varphi) \mathrm{d}\varphi = \int_{\varphi_1}^{\varphi_2} x R \varphi^\alpha \mathrm{d}\varphi + \int_{\varphi_2}^\infty x K_2 \delta(\varphi - \varphi_2) \mathrm{d}\varphi + \int_{\varphi_2}^\infty x K_\infty \delta(\varphi - \varphi_\infty) \mathrm{d}\varphi \quad (3.12)$$

积分求解得到

$$F(x) = \frac{R(\varphi_2^{\alpha+1} - \varphi_1^{\alpha+1})}{\alpha+1} x + K_2 x + K_\infty x \quad (3.13)$$

当 $\varphi_1 \leqslant x < \varphi_2$ 时，六参数 Iwan 模型积分形式为

$$F(x) = \int_0^x \varphi\rho(\varphi)\mathrm{d}\varphi + \int_x^\infty x\rho(\varphi)\mathrm{d}\varphi = \int_{\varphi_1}^x \varphi R\varphi^\alpha \mathrm{d}\varphi + \int_x^{\varphi_2} xR\varphi^\alpha \mathrm{d}\varphi +$$

$$\int_{\varphi_2}^\infty xK_2\delta(\varphi-\varphi_2)\mathrm{d}\varphi + \int_{\varphi_2}^\infty xK_\infty\delta(\varphi-\varphi_\infty)\mathrm{d}\varphi \qquad (3.14)$$

积分求解得到

$$F(x) = \frac{Rx^{\alpha+2}}{\alpha+2} - \frac{R\varphi_1^{\alpha+2}}{\alpha+2} + \frac{R\varphi_2^{\alpha+1}x}{\alpha+1} - \frac{Rx^{\alpha+2}}{\alpha+1} + K_2 x + K_\infty x \qquad (3.15)$$

整理后得到

$$F(x) = \left(\frac{R\varphi_2^{\alpha+1}}{\alpha+1} + K_2 + K_\infty\right)x - \frac{Rx^{\alpha+2}}{(\alpha+1)(\alpha+2)} - \frac{R\varphi_1^{\alpha+2}}{\alpha+2} \qquad (3.16)$$

当 $x \geqslant \varphi_2$ 时，六参数 Iwan 模型积分形式为

$$F(x) = \int_0^x \varphi\rho(\varphi)\mathrm{d}\varphi + \int_x^\infty x\rho(\varphi)\mathrm{d}\varphi = \int_{\varphi_1}^{\varphi_2} \varphi R\varphi^\alpha \mathrm{d}\varphi +$$

$$\int_{\varphi_2}^\infty \varphi K_2\delta(\varphi-\varphi_2)\mathrm{d}\varphi + \int_{\varphi_2}^\infty xK_\infty\delta(\varphi-\varphi_\infty)\mathrm{d}\varphi \qquad (3.17)$$

积分求解得到

$$F(x) = \frac{R(\varphi_2^{\alpha+2} - \varphi_1^{\alpha+2})}{\alpha+2} + K_2\varphi_2 + K_\infty x \qquad (3.18)$$

式(3.13)、式(3.16) 和式(3.18) 即为六参数 Iwan 模型的骨线方程。

$$F(x) = \begin{cases} \dfrac{R(\varphi_2^{\alpha+1} - \varphi_1^{\alpha+1})}{\alpha+1}x + K_2 x + K_\infty x & 0 \leqslant x < \varphi_1 \\[2ex] \left(\dfrac{R\varphi_2^{\alpha+1}}{\alpha+1} + K_2 + K_\infty\right)x - \dfrac{Rx^{\alpha+2}}{(\alpha+1)(\alpha+2)} - \dfrac{R\varphi_1^{\alpha+2}}{\alpha+2} & \varphi_1 \leqslant x < \varphi_2 \\[2ex] \dfrac{R(\varphi_2^{\alpha+2} - \varphi_1^{\alpha+2})}{\alpha+2} + K_2\varphi_2 + K_\infty x & x \geqslant \varphi_2 \end{cases}$$

$$(3.19)$$

将式(3.19) 对 x 取一阶导数即可得到六参数 Iwan 模型的刚度方程。

$$K(x) = \begin{cases} \dfrac{R(\varphi_2^{\alpha+1} - \varphi_1^{\alpha+1})}{\alpha+1} + K_2 + K_\infty & 0 \leqslant x < \varphi_1 \\[2ex] \dfrac{R(\varphi_2^{\alpha+1} - x^{\alpha+1})}{\alpha+1} + K_2 + K_\infty & \varphi_1 \leqslant x < \varphi_2 \\[2ex] K_\infty & x \geqslant \varphi_2 \end{cases} \qquad (3.20)$$

式(3.20)表明，六参数 Iwan 模型刚度在 $(0,\varphi_2)$ 范围内连续变化。在 $x=\varphi_2$ 处，由于模型中 Dirac 函数的作用，模型刚度由 K_2+K_∞ 突变为 K_∞。

图 3.5 为六参数 Iwan 模型骨线方程示意。图中○为微观滑移起始点，△为宏观滑移起始点。由式(3.19)、式(3.20) 和图 3.5 可知，当 $0 \leqslant x < \varphi_1$ 时六参数 Iwan 模型力-位移之间为线性关系，模型中所有 Jenkins 单元均未达到屈服状态，模型等价为线性弹簧。当 $\varphi_1 \leqslant x < \varphi_2$ 时，六参数 Iwan 模型处于微观滑移阶段，力-位移关系为非线性关系，模型中 Jenkins 单元逐渐发生屈服。当 $x \geqslant \varphi_2$ 时，六参数 Iwan 模型处于宏观滑移阶段，力-位移关系再次呈现线性，模型中所有的 Jenkins 单元均发生屈服，仅有残余刚度 K_∞ 作用。

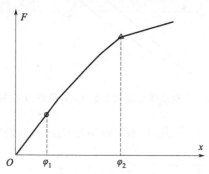

图 3.5　六参数 Iwan 模型骨线方程示意

3.4.2　微观滑移卸载方程

Iwan 模型卸载阶段的力-位移关系积分表达式为

$$F_u(x)=\int_0^{\frac{A-x}{2}} -\varphi\rho(\varphi)\mathrm{d}\varphi+\int_{\frac{A-x}{2}}^A (x-A+\varphi)\rho(\varphi)\mathrm{d}\varphi+\int_A^\infty x\rho(\varphi)\mathrm{d}\varphi$$

(3.21)

式中，位移 x 满足

$$-A \leqslant x \leqslant A \tag{3.22}$$

式(3.21) 中下标 u 表示卸载（unloading）阶段；A 为首次加载过程中的位移幅值。式(3.21) 右边第一项表示首次加载阶段和卸载阶段均发生屈服的 Jenkins 单元合力，第二项表示仅在首次加载阶段发生屈服的 Jenkins 单元合力，第三项表示首次加载阶段和卸载阶段均未发生屈服的 Jenkins 单元合力。

如图 3.6 所示，微观滑移阶段六参数 Iwan 模型的卸载过程包含黏着和微观滑移两个阶段。其中 a→b 表示黏着阶段，b→c 表示微观滑移阶段。微观滑移阶

段位移幅值 A 满足

$$\varphi_1 \leqslant A \leqslant \varphi_2 \tag{3.23}$$

当 $A-2\varphi_1 \leqslant x < A$ 时，卸载过程处于黏着阶段，即六参数 Iwan 模型中所有的 Jenkins 单元均未达到屈服状态，于是得到

$$\frac{A-x}{2} \leqslant \varphi_1 \tag{3.24}$$

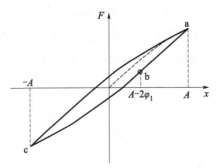

图 3.6 微观滑移阶段六参数 Iwan 模型力-位移曲线

将微观滑移阶段（microslip）用下标 mic 表示，黏着阶段用上标 a→b 表示，式(3.21) 变为

$$F_{u,\text{mic}}^{a\to b}(x) = \int_{\varphi_1}^{A} (x - A + \varphi) R\varphi^{\alpha} d\varphi + \int_{A}^{\varphi_2} xR\varphi^{\alpha} d\varphi +$$

$$\int_{\varphi_2}^{\infty} xK_2\delta(\varphi - \varphi_2) d\varphi + K_{\infty}x \tag{3.25}$$

积分求解得到

$$F_{u,\text{mic}}^{a\to b}(x) = \left[\frac{R(\varphi_2^{\alpha+1} - \varphi_1^{\alpha+1})}{\alpha+1} + K_2 + K_{\infty}\right]x +$$

$$\frac{RA\varphi_1^{\alpha+1}}{\alpha+1} - \frac{R\varphi_1^{\alpha+2}}{\alpha+2} - \frac{RA^{\alpha+2}}{(\alpha+1)(\alpha+2)} \tag{3.26}$$

由式(3.26) 和图 3.6 可知，在 a→b 黏着阶段，六参数 Iwan 模型卸载方程的力-位移之间为线性关系，模型可等价为一个线性弹簧，其刚度由式(3.20) 第一项给出。

当 $-A \leqslant x < A - 2\varphi_1$ 时，卸载过程处于微观滑移阶段，可以得到

$$\frac{A-x}{2} > \varphi_1 \tag{3.27}$$

将微观滑移状态用上标 b→c 表示，式(3.21) 变为

$$F_{u,\text{mic}}^{b\to c}(x) = \int_{\varphi_1}^{\frac{A-x}{2}} -\varphi R\varphi^\alpha \mathrm{d}\varphi + \int_{\frac{A-x}{2}}^{A} (x-A+\varphi) R\varphi^\alpha \mathrm{d}\varphi + \int_{A}^{\varphi_2} xR\varphi^\alpha \mathrm{d}\varphi +$$

$$\int_{\varphi_2}^{\infty} xK_2\delta(\varphi-\varphi_2)\mathrm{d}\varphi + K_\infty x \tag{3.28}$$

积分求解得到

$$F_{u,\text{mic}}^{b\to c}(x) = \frac{R(A-x)^{\alpha+2}}{2^{\alpha+1}(\alpha+1)(\alpha+2)} + \left(\frac{R\varphi_2^{\alpha+1}}{\alpha+1} + K_2 + K_\infty\right)x +$$

$$\frac{R\varphi_1^{\alpha+2}}{\alpha+2} - \frac{RA^{\alpha+2}}{(\alpha+1)(\alpha+2)} \tag{3.29}$$

由式(3.29)和图 3.6 可知,在 b→c 微观滑移阶段,六参数 Iwan 模型卸载方程的力-位移之间为非线性关系。随着外载荷 F 的不断增大,模型中一部分 Jenkins 单元逐渐达到屈服状态。式(3.26)和式(3.29)即为六参数 Iwan 模型的微观滑移卸载方程解析表达式。

3.4.3 宏观滑移卸载方程

如图 3.7 所示,宏观滑移阶段六参数 Iwan 模型的卸载过程包含黏着、微观滑移和宏观滑移三个阶段。其中 a→b 表示黏着阶段,b→c 表示微观滑移阶段,c→d 表示宏观滑移阶段。宏观滑移阶段位移幅值 A 满足

$$A > \varphi_2 \tag{3.30}$$

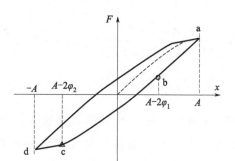

图 3.7 宏观滑移阶段六参数 Iwan 模型力-位移曲线

当 $A-2\varphi_1 \leqslant x < A$ 时,卸载过程处于黏着阶段,即六参数 Iwan 模型中所有的 Jenkins 单元均未达到屈服状态,可得到

$$\frac{A-x}{2} \leqslant \varphi_1 \tag{3.31}$$

将宏观滑移阶段(macroslip)用下标 mac 表示,黏着阶段用上标 a→b 表

示，式(3.21)变为

$$F_{u,\text{mac}}^{a \to b}(x) = \int_{\varphi_1}^{\varphi_2} (x - A + \varphi) R \varphi^\alpha \mathrm{d}\varphi + \int_{\varphi_2}^{A} (x - A + \varphi) K_2 \delta(\varphi - \varphi_2) \mathrm{d}\varphi + K_\infty x \tag{3.32}$$

积分求解得到

$$F_{u,\text{mac}}^{a \to b}(x) = \left[\frac{R(\varphi_2^{\alpha+1} - \varphi_1^{\alpha+1})}{\alpha + 1} + K_2 + K_\infty \right] (x - A) +$$

$$\frac{R(\varphi_2^{\alpha+2} - \varphi_1^{\alpha+2})}{\alpha + 2} + K_2 \varphi_2 + K_\infty A \tag{3.33}$$

由式(3.33)和图 3.7 可知，在 a→b 黏着阶段，六参数 Iwan 模型卸载方程的力-位移之间为线性关系，模型可等价为一个线性弹簧，其刚度由式(3.20)第一项给出。

当 $A - 2\varphi_2 \leqslant x < A - 2\varphi_1$ 时，卸载过程处于微观滑移阶段，可以得到

$$\varphi_1 < \frac{A - x}{2} \leqslant \varphi_2 \tag{3.34}$$

将微观滑移状态用上标 b→c 表示，式(3.21)变为

$$F_{u,\text{mac}}^{b \to c}(x) = \int_{\varphi_1}^{\frac{A-x}{2}} -\varphi R \varphi^\alpha \mathrm{d}\varphi + \int_{\frac{A-x}{2}}^{\varphi_2} (x - A + \varphi) R \varphi^\alpha \mathrm{d}\varphi +$$

$$\int_{\varphi_2}^{A} (x - A + \varphi) K_2 \delta(\varphi - \varphi_2) \mathrm{d}\varphi + K_\infty x \tag{3.35}$$

积分求解得到

$$F_{u,\text{mac}}^{b \to c}(x) = \frac{R(A-x)^{\alpha+2}}{2^{\alpha+1}(\alpha+1)(\alpha+2)} + K_2(x - A) + \frac{R \varphi_2^{\alpha+1}(x - A)}{\alpha + 1} +$$

$$\frac{R(\varphi_2^{\alpha+2} + \varphi_1^{\alpha+2})}{\alpha + 2} + K_2 \varphi_2 + K_\infty x \tag{3.36}$$

由式(3.36)和图 3.7 可知，在 b→c 微观滑移阶段，六参数 Iwan 模型卸载方程的力-位移之间为非线性关系。随着外载荷 F 的不断增大，模型中一部分 Jenkins 单元逐渐达到屈服状态。

当 $-A \leqslant x < A - 2\varphi_2$ 时，卸载过程处于宏观滑移阶段，可以得到

$$\frac{A - x}{2} > \varphi_2 \tag{3.37}$$

将宏观滑移状态用上标 c→d 表示，式(3.21)变为

$$F_{u,\text{mac}}^{c \to d}(x) = \int_{\varphi_1}^{\varphi_2} -\varphi R \varphi^\alpha \mathrm{d}\varphi + \int_{\varphi_1}^{\varphi_2} -\varphi K_2 \delta(\varphi - \varphi_2) \mathrm{d}\varphi + K_\infty x \tag{3.38}$$

积分求解得到

$$F_{u,\text{mac}}^{c\to d}(x) = -\frac{R(\varphi_2^{\alpha+2} - \varphi_1^{\alpha+2})}{\alpha+2} - K_2\varphi_2 + K_\infty x \quad (3.39)$$

由式(3.39)和图 3.7 可知，在 c→d 宏观滑移阶段，六参数 Iwan 模型卸载方程的力-位移关系再次呈线性关系。当外载荷 F 增大到模型的宏观滑移力，六参数 Iwan 模型中所有的 Jenkins 单元均发生屈服，模型中仅有残余刚度 K_∞ 作用。式(3.33)、式(3.36)和式(3.39)即为六参数 Iwan 模型的宏观滑移卸载方程解析表达式。

3.5 六参数 Iwan 模型能量耗散

如图 3.8 所示，六参数 Iwan 模型的卸载方程和反向加载（reloading）方程满足 Masing 假定。用下标 r 表示反向加载阶段，可得到

$$F_r(x) = -F_u(-x) \quad (3.40)$$

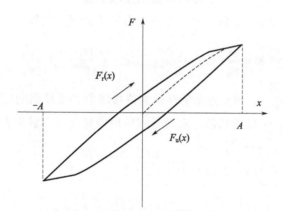

图 3.8 六参数 Iwan 模型迟滞回线

于是反向加载过程中的力-位移关系可写为

$$F_r(x) = \int_0^{\frac{A+x}{2}} \varphi\rho(\varphi)\mathrm{d}\varphi + \int_{\frac{A+x}{2}}^{A} (x+A-\varphi)\rho(\varphi)\mathrm{d}\varphi + \int_A^{\infty} x\rho(\varphi)\mathrm{d}\varphi \quad (3.41)$$

分别将式(3.26)、式(3.29)和式(3.33)、式(3.36)、式(3.39)代入式(3.41)，可得到微、宏观滑移阶段的反向加载方程。

在周期载荷作用下，六参数 Iwan 模型力-位移平面上的迟滞回线所围成的封闭区域面积即为一个周期内的能量耗散。因此可得到

$$D(A) = \int_{-A}^{A} [F_r(x) - F_u(x)] \, dx \tag{3.42}$$

式中，A 为周期载荷作用下的位移幅值。分别将式(3.26)、式(3.29) 和式(3.33)、式(3.36)、式(3.39) 代入式(3.41) 和式(3.42)，可得到微、宏观滑移阶段的能量耗散-位移解析表达式。

$$D_{mic}(A) = \frac{4RA^{\alpha+3}}{(\alpha+2)(\alpha+3)} - \frac{4RA\varphi_1^{\alpha+2}}{\alpha+2} + \frac{4R\varphi_1^{\alpha+3}}{\alpha+3} \tag{3.43}$$

$$D_{mac}(A) = 4A \left[\frac{R(\varphi_2^{\alpha+2} - \varphi_1^{\alpha+2})}{\alpha+2} + K_2\varphi_2 \right] - 4 \left[\frac{R(\varphi_2^{\alpha+3} - \varphi_1^{\alpha+3})}{\alpha+3} + K_2\varphi_2^2 \right] \tag{3.44}$$

由式(3.43) 和式(3.44) 可知，在微观滑移（$\varphi_1 < A \leqslant \varphi_2$）阶段，能量耗散 D 与位移幅值 A 之间的幂次关系为 $\alpha+3$，这与 Segalman 等的实验研究结果相符。在宏观滑移（$A > \varphi_2$）阶段，能量耗散 D 与位移幅值 A 之间为线性关系。由于弹簧单元不会产生能量耗散，因此残余刚度对能量耗散不产生影响，式(3.43) 和式(3.44) 中并未出现残余刚度项 K_∞。

对式(3.43) 和式(3.44) 中的参数进行以下无量纲代换。

$$M = \frac{A}{\varphi_2} \quad \kappa_2 = \frac{K_2}{R\varphi_2^{\alpha+1}} \quad d = \frac{D}{R\varphi_2^{\alpha+3}} \quad \beta = \frac{\varphi_1}{\varphi_2} \tag{3.45}$$

式中，M、κ_2、d 和 β 为无量纲最大位移幅值、无量纲刚度、无量纲能量耗散和无量纲位移。于是得到微、宏观滑移阶段能量耗散无量纲表达式。

$$d(M) = \begin{cases} \dfrac{4M^{\alpha+3}}{(\alpha+2)(\alpha+3)} - \dfrac{4\beta^{\alpha+2}M}{\alpha+2} + \dfrac{4\beta^{\alpha+3}}{\alpha+3} & \beta < M \leqslant 1 \\ 4\left(\dfrac{1-\beta^{\alpha+2}}{\alpha+2} + \kappa_2\right)M - 4\left(\dfrac{1-\beta^{\alpha+3}}{\alpha+3} + \kappa_2\right) & M > 1 \end{cases} \tag{3.46}$$

下面讨论无量纲参数对能量耗散的影响。根据文献实验研究结果，将描述能量耗散幂次关系的参数 α 设为 -0.3。如图 3.9 所示，分别考虑不同的 β 值对微观滑移阶段能量耗散的影响。结果表明，β 越大，在相同的无量纲位移幅值情况下 d 越小。

将参数 α 设为 -0.3，参数 β 设为 0.1，考虑不同的 κ_2 值对微观和宏观滑移情况下无量纲能量耗散的影响。如图 3.10 所示，微观滑移阶段 κ_2 的取值对无量纲能量耗散没有影响。宏观滑移阶段，κ_2 越大，在相同的无量纲位移幅值情况下 d 越大。

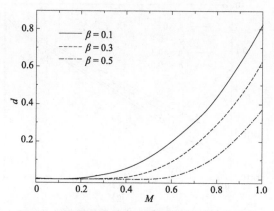

图 3.9 能量耗散-位移无量纲曲线（$\alpha=-0.3$）

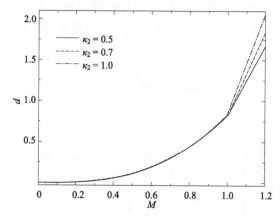

图 3.10 能量耗散-位移无量纲曲线（$\alpha=-0.3$，$\beta=0.1$）

将参数 β 设为 0，则式(3.46)可简化为

$$d(M)=\begin{cases} \dfrac{4M^{\alpha+3}}{(\alpha+2)(\alpha+3)} & 0<M\leqslant 1 \\ 4\left(\dfrac{1}{\alpha+2}+\kappa_2\right)M-4\left(\dfrac{1}{\alpha+3}+\kappa_2\right) & M>1 \end{cases} \quad (3.47)$$

由式(3.47)可知，微观滑移阶段无量纲能量耗散幂次关系为 $\alpha+3$。图 3.11 为 $\beta=0$、$\kappa_2=1$ 时，不同 α 值所对应的能量耗散-位移关系，其直线的斜率即为 $\alpha+3$。Song 等和张相盟等基于均匀密度函数的模型为图 3.11 中 $\alpha=0$ 的情况。基于六参数非均匀密度函数的六参数 Iwan 模型斜率为 $\alpha+3$。采用六参数 Iwan 模型可以更准确地描述实验研究结果。

如图 3.12 所示，采用六参数 Iwan 模型对螺栓连接结构能量耗散实验结果进行表征。在不同外载作用下，六参数 Iwan 模型均能够较好地反映实验结果。在

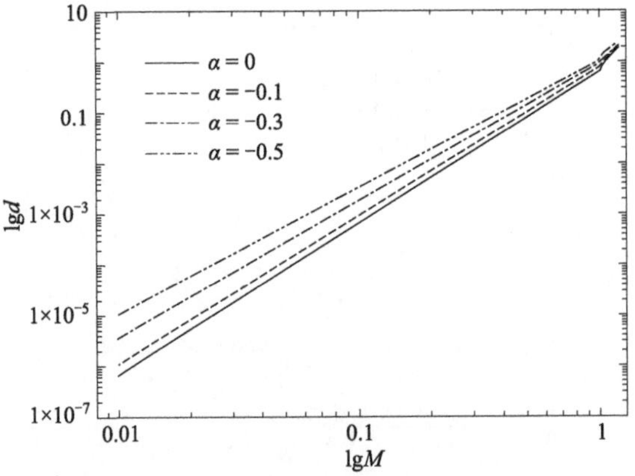

图 3.11 对数坐标系下能量耗散-位移无量纲曲线 ($\beta=0$, $\kappa_2=1$)

对数坐标系下，对实验结果进行线性拟合得到能量耗散幂次关系为 2.83，六参数 Iwan 模型的幂次关系为 2.87，模型结果与实验数据符合较好。

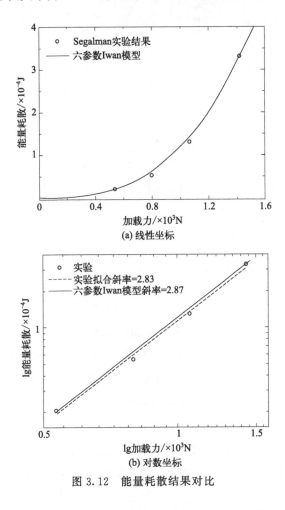

图 3.12 能量耗散结果对比

3.6 本章小结

本章在现有 Iwan 模型研究工作基础上，提出了可以同时描述微观滑移阶段能量耗散幂次关系和宏观滑移阶段残余刚度现象的六参数非均匀密度函数。采用该密度函数推导了六参数 Iwan 模型的骨线方程、微观滑移卸载方程和宏观滑移卸载方程的解析表达式。根据 Masing 假定进一步得到了六参数 Iwan 模型在微、宏观滑移阶段的能量耗散解析表达式。对能量耗散解析表达式进行无量纲代换，讨论了无量纲模型参数对六参数 Iwan 模型能量耗散的影响。采用六参数 Iwan 模型对螺栓连接结构能量耗散实验结果进行表征，并与实验研究结果进行了对比。

结果表明，本书提出的六参数 Iwan 模型不仅可以反映连接结构接触表面在宏观滑移阶段的切向残余刚度现象，而且可以准确描述微观滑移阶段的能量耗散幂次关系，模型结果与实验数据能够较好吻合。与现有的 Iwan 模型相比，六参数 Iwan 模型具有更强的适用性。

参 考 文 献

[1] Iwan W D. A distributed-element model for hysteresis and its steady-state dynamic response [J]. Journal of Applied Mechanics，1966，33（4）：893-900.

[2] Iwan W D. On a class of models for the yielding behavior of continuous and composite systems [J]. Journal of Applied Mechanics，1967，34（3）：612-617.

[3] Bouc R. Forced vibration of mechanical systems with hysteresis [C] //Proceedings of the fourth conference on non-linear oscillation，Prague，Czechoslovakia，1967.

[4] Wen Y K. Methods of random vibration for inelastic structures [J]. Applied Mechanics Reviews，1989，42（2）：39-52.

[5] Valanis K C. Fundamental consequences of a new intrinsic time measure. Plasticity as a limit of the endochronic theory [R]. Iowa City：The University of Iowa，1978.

[6] Menq C H, Griffin J H. A Comparison of Transient and Steady State Finite Element Analyses of the Forced Response of a Frictionally Damped Beam [J]. Journal of Vibration & Acoustics，1985，107（1）：106-106.

[7] Menq C H, Bielak J, Griffin J H. The influence of microslip on vibratory response, part I：A new microslip model [J]. Journal of Sound & Vibration，1986，107（2）：279-293.

[8] Menq C H, Griffin J H, Bielak J. The influence of microslip on vibratory response, Part II：A comparison with experimental results [J]. Journal of Sound & Vibration，1986，107（2）：295-307.

[9] Gaul L, Lenz J. Nonlinear dynamics of structures assembled by bolted joints [J]. Acta Mechanica，

1997, 125 (1-4): 169-181.

[10] Song Y, Hartwigsen C J, McFarland D M, et al. Simulation of dynamics of beam structures with bolted joints using adjusted Iwan beam elements [J]. Journal of Sound and Vibration, 2004, 273 (1): 249-276.

[11] Shiryayev O V, Page S M, Pettit C L, et al. Parameter estimation and investigation of a bolted joint model [J]. Journal of Sound & Vibration, 2007, 307 (3-5): 680-697.

[12] 张相盟, 王本利, 卫洪涛. Iwan 模型非线性恢复力及其能量耗散计算研究 [J]. 工程力学, 2012, 29 (11): 33-39.

[13] Segalman D J. A four-parameter Iwan model for lap-type joints [J]. Journal of Applied Mechanics, 2005, 72 (5): 752-760.

[14] Segalman D J, Starr M J. Relationships among certain joint constitutive models [R]. Sandia National Laboratories, 2004.

[15] Segalman D J, Starr M J. Inversion of Masing models via continuous Iwan systems [J]. International Journal of Non-Linear Mechanics, 2008, 43 (1): 74-80.

[16] 龚曙光, 谢桂兰, 黄云清. ANSYS 参数化编程与命令手册 [M]. 北京: 机械工业出版社, 2009.

[17] 李一堃, 郝志明, 章定国. 基于非均匀密度函数的伊万模型研究 [J]. 力学学报, 2015, 47 (3): 513-520.

[18] Li Y, Hao Z. A six-parameter Iwan model and its application [J]. Mechanical Systems and Signal Processing, 2016, 68-69: 354-365.

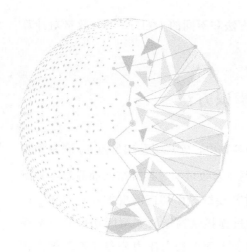

第 4 章

六参数Iwan模型的参数辨识与离散化方法研究

4.1 引言

第 3 章的研究工作在 Song 等和 Segalman 的模型基础上提出了可同时描述接触界面残余刚度和能量耗散幂次关系的六参数 Iwan 模型，推导了六参数 Iwan 模型骨线方程、卸载方程和能量耗散解析表达式，并讨论了模型参数对能量耗散的影响。Song 等的模型可模拟宏观滑移后界面的残余刚度，Segalman 的模型能很好地刻画微观滑移现象，与 Song 等和 Segalman 的模型相比，六参数 Iwan 模型的适用性更强。在第 3 章工作基础上，本章进一步给出六参数 Iwan 模型的参数辨识方法和离散化方法，实现六参数 Iwan 模型在数值模拟中的应用。Segalman 基于螺栓连接结构实验，将四参数 Iwan 模型骨线方程（力-位移关系）中的位移按几何级数进行离散。Oldfield 等基于螺栓连接结构有限元计算结果，将宏观滑移下的迟滞回线离散为若干段直线，每段直线对应一个弹簧-滑块单元。以上研究的不足之处是并未系统深入地讨论离散化模型在有限元分析中的应用。本章根据六参数 Iwan 模型刚度方程，将六参数 Iwan 模型离散为有限个 Jenkins 单元，采用 ANSYS 的内置单元来模拟 Jenkins 单元并开展了有限元数值计算。

4.2 节基于螺栓连接结构静、动态实验结果，提出六参数 Iwan 模型的参数辨识方法，并讨论不同优化算法对参数辨识结果的影响；4.3 节根据六参数 Iwan 模型刚度方程，提出基于位移的算术级数、基于位移的几何级数、基于刚度的算术级数和基于刚度的几何级数四种离散化方法；4.4 节开展连接结构单自由度模型的数值计算，讨论不同的离散化方法和不同的 Jenkins 单元数量对计算精度的影响。

4.2 六参数 Iwan 模型参数辨识方法

在 φ_1、φ_2、K_2、K_∞、α 和 R 这六个参数中，宏观滑移起始点 φ_2 和发生宏观滑移后接触界面的残余切向刚度 K_∞ 这两个参数可通过连接结构准静态实验所获得的力-位移关系识别。发生宏观滑移时刻接触界面切向刚度的变化量 K_2 以及描述幂律分布的 α 和 R 这三个参数可通过连接结构振动实验所获得的能量耗散-加载力幅值关系识别。螺栓连接结构接触界面上法向压力分布并不均匀，在靠近螺栓的区域法向压力较大，远离螺栓的区域法向压力较小，接触界面的边缘法向压力接近为 0。因此在外载作用的初期，接触界面的边缘便会滑移，即微观滑移的起始点 φ_1 近似为 0。

令 $\varphi_1 = 0$，通过式(3.19) 六参数 Iwan 模型骨线方程可将宏观滑移初始时刻的加载力 F_S 表述为

$$F_S = \frac{R\varphi_2^{\alpha+2}}{\alpha+2} + K_2\varphi_2 + K_\infty\varphi_2 \tag{4.1}$$

通过准静态实验可得到连接结构在切向载荷作用下的力-位移曲线。该曲线在宏观滑移阶段的斜率即为 K_∞，宏观滑移起始点的横、纵坐标即为 φ_2 和 F_S。

由式(3.19) 和式(3.43)、式(3.44) 可分别得到微、宏观滑移阶段能量耗散 D 与加载力幅值 F 之间的解析关系。

$$F_{\text{mic}}(D) = \left(\frac{R\varphi_2^{\alpha+1}}{\alpha+1} + K_2 + K_\infty\right)\left[\frac{D(\alpha+2)(\alpha+3)}{4R}\right]^{\frac{1}{\alpha+3}} -$$
$$\frac{R}{(\alpha+1)(\alpha+2)}\left[\frac{D(\alpha+2)(\alpha+3)}{4R}\right]^{\frac{\alpha+2}{\alpha+3}} \tag{4.2}$$

$$F_{\text{mac}}(D) = \frac{K_\infty\left[D + 4\left(\frac{R\varphi_2^{\alpha+3}}{\alpha+3} + K_2\varphi_2^2\right)\right]}{4\left(\frac{R\varphi_2^{\alpha+2}}{\alpha+2} + K_2\varphi_2\right)} + \frac{R\varphi_2^{\alpha+2}}{\alpha+2} + K_2\varphi_2 \tag{4.3}$$

通过连接结构静、动力学实验，可获得不同加载力幅值 F_i 所对应的不同能量耗散数值 D_i。分别将微、宏观滑移阶段的 F_i 和 D_i 代入式(4.2) 和式(4.3) 可得到如下非线性方程组。

$$F_i = F(D_i) \tag{4.4}$$

第4章 六参数Iwan模型的参数辨识与离散化方法研究

于是由式(4.1)和式(4.4)可组成含有 $i+1$ 个方程的非线性方程组，采用鲍威尔法求解该非线性方程组便可确定 K_2、α 和 R，由此便得到了 Iwan 模型中的各个参数。

由于无法直接观测连接界面的力学过程，研究者通过测量含界面的连接结构的整体变形来识别连接界面力学行为，即间接实验方法。本章所采用的实验数据来自 Sandia 国家实验室开展的一类间接实验——螺栓连接结构的大质量块装置 (BMD) 实验，如图 4.1 所示。该实验采用夹具预紧与螺栓预紧两种方式分别对连接结构进行预紧，测量连接结构在振动载荷作用下的能量耗散-加载力幅值关系。图 4.1(a) 中，夹具预紧方式通过夹具之间的钢丝绳来施加法向压力，钢丝绳的旋钮与大质量块之间放置了压电测力环；螺栓预紧方式通过测力螺栓进行预紧，如图 4.1(b) 所示。由此实现了两种不同预紧方式的法向压力控制。图 4.1(c) 为该实验装置图。图 4.1(d) 为试件在 x 和 y 方向的尺寸，单位为 mm。试件在 z 方向的尺寸是 31.8mm。通过测量大质量块装置 (BMD) 在共振情况下的传递系数来计算连接结构的能量耗散。实验考虑了 60lb、120lb、180lb、240lb 和 320lb（分别为 267N、534N、800N、1068N 和 1423N）五种不同的激励幅值以及 1200lb 和 1600lb（分别为 5338N 和 7117N）两种不同的预紧力，获取的实验数据如表 4.1 所示。

表 4.1 能量耗散实验结果

加载力/N	能量耗散/J			
	夹具预紧试件		螺栓预紧试件	
	5338N	7117N	5338N	7117N
267	3.81×10^{-6}	4.12×10^{-6}	4.08×10^{-6}	4.40×10^{-6}
534	2.18×10^{-5}	2.01×10^{-5}	2.76×10^{-5}	2.06×10^{-5}
800	6.85×10^{-5}	5.64×10^{-5}	1.01×10^{-4}	5.45×10^{-5}
1068	1.41×10^{-4}	1.39×10^{-4}	2.12×10^{-4}	1.30×10^{-4}
1423	3.24×10^{-4}	3.35×10^{-4}	4.84×10^{-4}	3.31×10^{-4}

由表 4.1 的实验结果可知，夹具预紧结构在两种不同预紧力大小下的能量耗散和螺栓预紧结构在 7117N 预紧力大小下的能量耗散差异较小；随着加载力幅值的增大，螺栓预紧结构在 5338N 预紧力下的能量耗散比其他三组更大。预紧力较小的连接结构宏观滑移力也较小，因此在同样的加载力作用下更容易发生滑移，进而产生更多的能量耗散；夹具预紧结构试件不含螺栓孔，与螺栓预紧结构试件的几何形状、接触表面压力分布均不同。这些因素可能是造成以上实验结果差异的主要原因。

(a) 夹具预紧试件

(b) 螺栓预紧试件

(c) 实验装置示意图

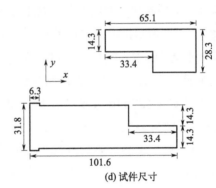
(d) 试件尺寸

图 4.1 BMD 实验

文献开展了螺栓连接结构准静态实验,获得了准静态切向载荷作用下连接结构的力-位移关系,如图 4.2 所示。以预紧力为 1600lb(7117N)的螺栓预紧结构为例,其宏观滑移起始点 $\varphi_2=1.02\times10^{-5}\mathrm{m}$,残余刚度 $K_\infty=2.065\times10^7\mathrm{N/m}$,宏观滑移初始时刻的加载力 $F_S=4430\mathrm{N}$。应用上述参数辨识方法,可基于以上实验结果对六参数 Iwan 模型进行参数辨识,结果如表 4.2 所示。

表 4.2 参数辨识结果

预紧力		φ_1/m	φ_2/m	$K_2/(\mathrm{N/m})$	$K_\infty/(\mathrm{N/m})$	$R/(\mathrm{N/m^{2+\alpha}})$	α
夹具预紧	5338N	0	1.006×10^{-5}	3.099×10^8	0.941×10^7	2.688×10^{11}	-0.260
	7117N	0	1.010×10^{-5}	3.513×10^8	1.539×10^7	8.005×10^{11}	-0.244
螺栓预紧	5338N	0	0.780×10^{-5}	3.350×10^8	1.877×10^7	8.583×10^{11}	-0.270
	7117N	0	1.020×10^{-5}	3.480×10^8	2.065×10^7	4.670×10^{11}	-0.276

将表 4.2 中的四组参数分别代入式(4.2)便能得到不同预紧力大小、不同预紧方式下的能量耗散-加载力幅值曲线。图 4.3 为能量耗散-加载力幅值曲线与表 4.1 中实验数据的对比。结果表明,六参数 Iwan 模型能够准确描述不同预紧

力大小、不同预紧方式下的连接结构非线性特性。

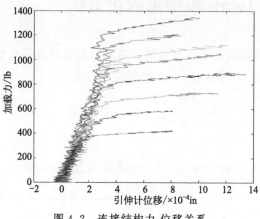

图 4.2 连接结构力-位移关系

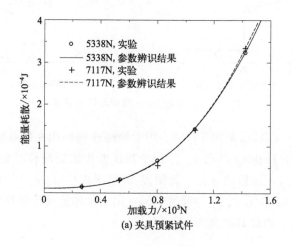

(a) 夹具预紧试件

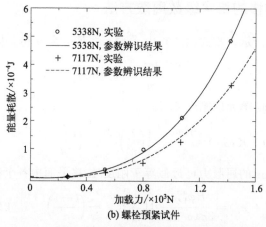

(b) 螺栓预紧试件

图 4.3 能量耗散实验结果与参数辨识结果对比

4.3 六参数 Iwan 模型离散化方法

为了将 Iwan 模型应用于数值计算，需要对其进行离散化处理。Iwan 模型骨线方程对位移 x 的一阶导数即 Iwan 模型刚度方程。

$$K(x) = \begin{cases} \dfrac{R(\varphi_2^{\alpha+1} - x^{\alpha+1})}{\alpha+1} + K_2 + K_\infty & 0 \leqslant x < \varphi_2 \\ K_\infty & x \geqslant \varphi_2 \end{cases} \quad (4.5)$$

考虑将式(4.5)离散为含有 $n+2$ 个并联的 Jenkins 单元，如图 4.4 所示。

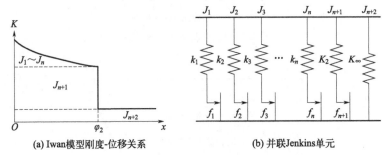

(a) Iwan模型刚度-位移关系　　(b) 并联Jenkins单元

图 4.4　六参数 Iwan 模型离散化示意

其中前 n 个 Jenkins 单元 $J_1 \sim J_n$ 用于描述连接结构在微观滑移阶段的刚度变化。第 $n+1$ 个 Jenkins 单元 J_{n+1} 用于描述发生宏观滑移时刻的刚度变化量，因此其刚度为 K_2，屈服力 f_{n+1} 为刚度-位移平面中 J_{n+1} 区域的面积 $K_2\varphi_2$。第 $n+2$ 个 Jenkins 单元 J_{n+2} 为弹簧单元，用于描述连接接触界面在宏观滑移后的残余刚度现象，因此其刚度为 K_∞。

4.3.1 基于位移的算术级数离散方法

如图 4.5(a) 所示，将式(4.5) 中 $[0, \varphi_2]$ 等分为 n 份，因此 x_l 为

$$x_l = \frac{l\varphi_2}{n} \quad 0 \leqslant l \leqslant n \quad (4.6)$$

于是每一个 Jenkins 单元的刚度 k_l 为

$$k_l = K(x_{l-1}) - K(x_l) = \frac{R\varphi_2^{\alpha+1}}{\alpha+1}\left[\left(\frac{l}{n}\right)^{\alpha+1} - \left(\frac{l-1}{n}\right)^{\alpha+1}\right] \quad 0 < l \leqslant n \quad (4.7)$$

每一个 Jenkins 的屈服力可近似等于刚度-位移平面中各个梯形的面积。

$$f_l = \frac{1}{2}k_l(x_{l-1} + x_l) = \frac{R\varphi_2^{\alpha+2}}{2n(\alpha+1)}\left[\left(\frac{l}{n}\right)^{\alpha+1} - \left(\frac{l-1}{n}\right)^{\alpha+1}\right](2l-1) \quad 0 < l \leqslant n$$

$$(4.8)$$

于是得到刚度为 k_l、屈服力为 f_l 的 n 个 Jenkins 单元。

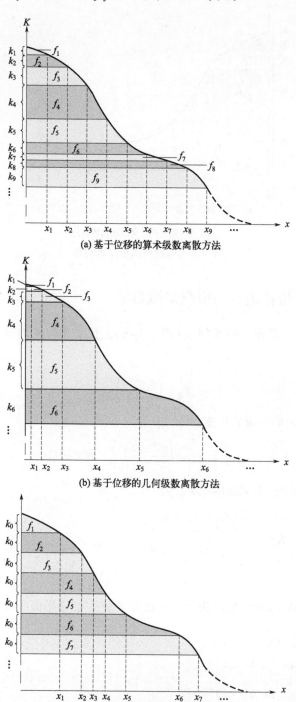

图 4.5

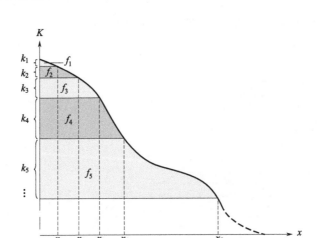

(d) 基于刚度的几何级数离散方法

图 4.5　四种离散化方法示意

4.3.2　基于位移的几何级数离散方法

如图 4.5(b) 所示,将式(4.5) 中 $[0,\varphi_2]$ 按公比为 q 的几何级数分割为 n 份,即

$$\varphi_2 = \left(\frac{q^n-1}{q-1}\right)a_1 \tag{4.9}$$

式中,a_1 为第一份的长度。令 x_m 为

$$x_m = \sum a_m = \left(\frac{q^m-1}{q^n-1}\right)\varphi_2 \quad 0 \leqslant m \leqslant n \tag{4.10}$$

于是每一个 Jenkins 单元的刚度 k_m 为

$$\begin{aligned} k_m &= K(x_{m-1}) - K(x_m) \\ &= \frac{R\varphi_2^{\alpha+1}}{(\alpha+1)(q^n-1)^{\alpha+1}}\left[(q^m-1)^{\alpha+1}-(q^{m-1}-1)^{\alpha+1}\right] \quad 0 < m \leqslant n \end{aligned} \tag{4.11}$$

每一个 Jenkins 单元的屈服力可近似等于刚度-位移平面中各个梯形的面积。

$$\begin{aligned} f_m &= \frac{1}{2}k_m(x_{m-1}+x_m) \\ &= \frac{R\varphi_2^{\alpha+2}(q^m+q^{m-1}-2)}{2(\alpha+1)(q^n-1)^{\alpha+2}}\left[(q^m-1)^{\alpha+1}-(q^{m-1}-1)^{\alpha+1}\right] \quad 0 < m \leqslant n \end{aligned} \tag{4.12}$$

于是得到刚度为 k_m、屈服力为 f_m 的 n 个 Jenkins 单元。

4.3.3 基于刚度的算术级数离散方法

如图 4.5(c) 所示，将式(4.5) 中 $K(0)-K_2-K_\infty$ 等分成大小为 k_0 的 n 份，即

$$k_i = k_0 = \frac{R\varphi_2^{\alpha+1}}{n(\alpha+1)} \quad 0 < i \leqslant n \tag{4.13}$$

k_0 即为前 n 个 Jenkins 单元的刚度。根据式(4.5) 可求出位移 x_i。

$$x_i = \varphi_2 \left(\frac{i}{n}\right)^{\frac{1}{\alpha+1}} \quad 0 \leqslant i \leqslant n \tag{4.14}$$

每一个 Jenkins 的屈服力可近似等于刚度-位移平面中各个梯形的面积。

$$f_i = \frac{1}{2}k_0(x_{i-1}+x_i) = \frac{R\varphi_2^{\alpha+2}}{2n(\alpha+1)}\left[\left(\frac{i-1}{n}\right)^{\frac{1}{\alpha+1}}+\left(\frac{i}{n}\right)^{\frac{1}{\alpha+1}}\right] \quad 0<i\leqslant n \tag{4.15}$$

于是得到刚度为 k_0、屈服力为 f_i 的 n 个 Jenkins 单元。

4.3.4 基于刚度的几何级数离散方法

如图 4.5(d) 所示，将式(4.5) 中 $K(0)-K_2-K_\infty$ 按公比为 q 的几何级数分割为 n 份，即

$$K(0)-K_2-K_\infty = \frac{R\varphi_2^{\alpha+1}}{\alpha+1} = k_1\frac{q^n-1}{q-1} \tag{4.16}$$

式中，k_1 为第一个 Jenkins 单元的刚度。于是前 n 个 Jenkins 单元的刚度 k_j 为

$$k_j = k_1 q^{j-1} = \frac{R\varphi_2^{\alpha+1}q^{j-1}}{\alpha+1} \times \frac{q-1}{q^n-1} \quad 0<j\leqslant n \tag{4.17}$$

根据式(4.5) 可求出位移 x_j。

$$x_j = \varphi_2 \left(\frac{q^j-1}{q^n-1}\right)^{\frac{1}{\alpha+1}} \quad 0 \leqslant j \leqslant n \tag{4.18}$$

每一个 Jenkins 的屈服力可近似等于刚度-位移平面中各个梯形的面积。

$$\begin{aligned}f_j &= \frac{1}{2}k_j(x_{j-1}+x_j) \\ &= \frac{R\varphi_2^{\alpha+2}q^{j-1}}{2(\alpha+1)} \times \frac{q-1}{q^n-1}\left[\left(\frac{q^{j-1}-1}{q^n-1}\right)^{\frac{1}{\alpha+1}}+\left(\frac{q^j-1}{q^n-1}\right)^{\frac{1}{\alpha+1}}\right] \quad 0<j\leqslant n\end{aligned} \tag{4.19}$$

于是得到刚度为 k_j、屈服力为 f_j 的 n 个 Jenkins 单元。

4.4 算例分析

以 4.2 节中预紧力为 7117N 的螺栓连接结构参数识别结果为例，分别采用 4.3 节介绍的四种离散化方法开展六参数 Iwan 模型的离散化数值计算。令 $q=1.1$，在 ANSYS 软件中建立含有 $n+2(n=4,8,12,16)$ 个 Jenkins 单元（通过 COMBIN40 单元实现）的单自由度模型。考虑加载力幅值分别为 267N、534N、800N、1068N 和 1423N 的循环载荷作用下模型的能量耗散特性，能量耗散解析解与数值解对比如图 4.6 所示。表 4.3~表 4.6 分别为采用 4.3.1~4.3.4 小节的离散化方法所得到的能量耗散计算结果的误差对比，其中 F 为加载力幅值，D_a 为能量耗散解析解。

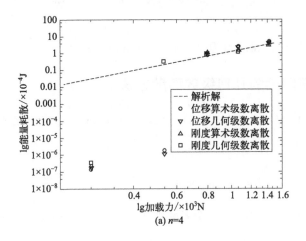

(a) $n=4$

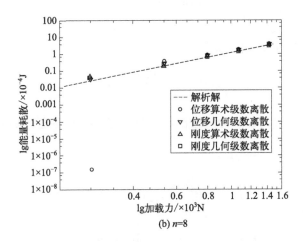

(b) $n=8$

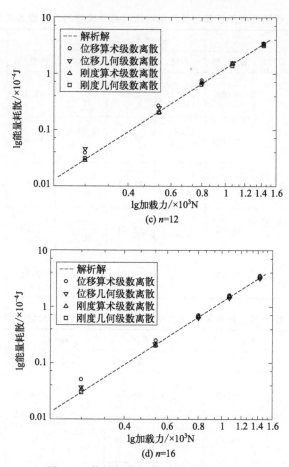

(c) $n=12$

(d) $n=16$

图 4.6 能量耗散解析解与数值解对比

表 4.3 能量耗散解析解与数值解对比（基于位移的算术级数离散方法）

F/N	D_a/J	$n=4$		$n=8$		$n=12$		$n=16$	
		D/J	误差/%	D/J	误差/%	D/J	误差/%	D/J	误差/%
267	3.03×10^{-6}	1.35×10^{-11}	−100	1.53×10^{-11}	−100	3.93×10^{-6}	29.52	5.10×10^{-6}	68.04
534	2.06×10^{-5}	1.79×10^{-10}	−100	3.62×10^{-5}	75.92	2.74×10^{-5}	33.16	2.51×10^{-5}	22.12
800	6.37×10^{-5}	8.28×10^{-5}	29.95	8.38×10^{-5}	31.51	7.65×10^{-5}	20.06	6.85×10^{-5}	7.43
1068	1.45×10^{-4}	2.50×10^{-4}	72.47	1.76×10^{-4}	21.42	1.52×10^{-4}	4.86	1.55×10^{-4}	7.04
1423	3.31×10^{-4}	4.71×10^{-4}	42.47	3.72×10^{-4}	12.52	3.47×10^{-4}	4.96	3.43×10^{-4}	3.71

表 4.4 能量耗散解析解与数值解对比（基于位移的几何级数离散方法）

F/N	D_a/J	n=4		n=8		n=12		n=16	
		D/J	误差/%	D/J	误差/%	D/J	误差/%	D/J	误差/%
267	3.03×10^{-6}	1.76×10^{-11}	−100	3.12×10^{-6}	2.98	4.53×10^{-6}	49.24	3.65×10^{-6}	20.19
534	2.06×10^{-5}	1.05×10^{-10}	−100	2.88×10^{-5}	39.99	2.43×10^{-5}	18.02	2.18×10^{-5}	6.07
800	6.37×10^{-5}	1.06×10^{-4}	66.37	7.85×10^{-5}	23.13	6.90×10^{-5}	8.29	6.48×10^{-5}	1.71
1068	1.45×10^{-4}	2.35×10^{-4}	61.98	1.63×10^{-4}	12.64	1.56×10^{-4}	7.79	1.47×10^{-4}	1.59
1423	3.31×10^{-4}	4.05×10^{-4}	22.65	3.68×10^{-4}	11.23	3.47×10^{-4}	5.01	3.34×10^{-4}	1.12

表 4.5 能量耗散解析解与数值解对比（基于刚度的算术级数离散方法）

F/N	D_a/J	n=4		n=8		n=12		n=16	
		D/J	误差/%	D/J	误差/%	D/J	误差/%	D/J	误差/%
267	3.03×10^{-6}	2.48×10^{-11}	−100	5.04×10^{-6}	66.10	2.91×10^{-6}	−4.10	3.35×10^{-6}	10.37
534	2.06×10^{-5}	3.46×10^{-5}	68.15	1.97×10^{-5}	−4.26	2.12×10^{-5}	3.03	2.15×10^{-5}	4.71
800	6.37×10^{-5}	9.80×10^{-5}	53.80	7.66×10^{-5}	20.21	6.98×10^{-5}	9.54	6.75×10^{-5}	5.96
1068	1.45×10^{-4}	1.62×10^{-4}	11.76	1.43×10^{-4}	−1.35	1.56×10^{-4}	7.62	1.52×10^{-4}	4.81
1423	3.31×10^{-4}	3.23×10^{-4}	−2.30	3.47×10^{-4}	4.96	3.38×10^{-4}	2.24	3.31×10^{-4}	0.05

表 4.6 能量耗散解析解与数值解对比（基于刚度的几何级数离散方法）

F/N	D_a/J	n=4		n=8		n=12		n=16	
		D/J	误差/%	D/J	误差/%	D/J	误差/%	D/J	误差/%
267	3.03×10^{-6}	3.33×10^{-11}	−100	3.28×10^{-6}	8.10	3.10×10^{-6}	2.17	3.02×10^{-6}	−0.47
534	2.06×10^{-5}	3.54×10^{-5}	72.23	2.39×10^{-5}	16.15	2.06×10^{-5}	0.11	1.99×10^{-5}	−3.29

续表

F/N	D_a/J	n=4		n=8		n=12		n=16	
		D/J	误差/%	D/J	误差/%	D/J	误差/%	D/J	误差/%
800	$6.37×10^{-5}$	$8.08×10^{-5}$	26.81	$6.98×10^{-5}$	9.54	$6.41×10^{-5}$	0.60	$6.51×10^{-5}$	2.17
1068	$1.45×10^{-4}$	$1.27×10^{-4}$	−12.39	$1.49×10^{-4}$	2.79	$1.40×10^{-4}$	−3.42	$1.47×10^{-4}$	1.41
1423	$3.31×10^{-4}$	$3.91×10^{-4}$	18.27	$3.45×10^{-4}$	4.35	$3.20×10^{-4}$	−3.21	$3.27×10^{-4}$	−1.09

当 $n=4$ 时，Jenkins 单元数量很少，四种离散化方法的计算误差均较大。加载力较小时所有的 Jenkins 单元均未屈服，因此模型等价为一个线性弹簧，能量耗散值约等于 0。

当 $n=8$ 时，Jenkins 单元数量较少，基于刚度的几何级数离散化方法计算精度较高（最大误差为 16.15%），基于刚度的算术级数离散化方法、基于位移的几何级数离散化方法的计算精度次之（最大误差分别为 66.10% 和 39.99%），基于位移的算术级数离散化方法精度较差（最大误差为 100%）。

随着 Jenkins 单元数量的增加，当 $n=12$ 时，基于刚度的几何级数离散化方法计算精度较高（最大误差为 −3.42%），基于刚度的算术级数离散化方法计算精度次之（最大误差为 9.54%），基于位移的算术级数、几何级数离散化方法精度较差（最大误差分别为 33.16% 和 49.24%）。

当 $n=16$ 时，基于刚度的几何级数离散化方法计算精度较高（最大误差为 −3.29%），基于刚度的算术级数离散化方法计算精度次之（最大误差为 10.37%），基于位移的算术级数、几何级数离散化方法精度较差（最大误差分别为 68.04% 和 20.19%）。

计算结果表明，Jenkins 单元数量越多，计算结果的精度越高；Jenkins 单元数量一定时，基于刚度的几何级数离散化方法计算精度较高，基于刚度的算术级数离散化方法计算精度次之，基于位移的两种离散化方法精度较差。

将 4.2 节中预紧力为 7117N 的螺栓连接结构参数识别结果代入六参数 Iwan 模型宏观滑移力 F_S 的解析表达式，得到宏观滑移力大小为 4430N。本节数值计算中的最小加载力幅值为 267N，仅为宏观滑移力的 6%。因此需要对微观滑移初始时刻的刚度非线性特性进行准确描述，即对式（4.5）中 $x=0$ 附近的刚度进行精细划分。而如图 4.5(a) 和 (b) 所示，基于位移的离散化方法虽然能够控制位移的划分精度，但由于刚度-位移之间存在非线性关系，因此无法控制刚度的划分精度，Jenkins 单元数量较少的情况下计算误差较大。如图 4.5(c) 和 (d) 所示，基于刚度的算术级数离散方法可以将刚度平均分割，而基于刚度的几何级数离散方法可以实现微观滑移初始时刻刚度的精细划分，因此计算精度更高。

下面讨论 Jenkins 单元数量对力-位移关系计算精度的影响。同样选择预紧力为 7117N 的螺栓连接结构参数识别结果，引入无量纲量 ξ。

$$\xi = \frac{x}{\varphi_2} \tag{4.20}$$

于是得到六参数 Iwan 模型骨线方程的无量纲表达式为

$$f(\xi) = \frac{F(\xi)}{F_S} = \begin{cases} 1.21\xi - 0.21\xi^{1.724} & 0 \leqslant \xi < 1 \\ 0.952 + 0.048\xi & \xi \geqslant 1 \end{cases} \tag{4.21}$$

其中

$$F_S = \frac{R\varphi_2^{\alpha+2}}{\alpha+2} + K_2\varphi_2 + K_\infty\varphi_2 = 4430\text{N} \tag{4.22}$$

六参数 Iwan 模型刚度方程的无量纲表达式为

$$k(\xi) = \frac{K(\xi)}{K(0)} = \begin{cases} 1 - 0.173\xi^{0.724} & 0 \leqslant \xi < 1 \\ 0.0393 & \xi \geqslant 1 \end{cases} \tag{4.23}$$

其中

$$K(0) = \frac{R\varphi_2^{\alpha+1}}{\alpha+1} + K_2 + K_\infty = 5.256 \times 10^8 \text{N/m} \tag{4.24}$$

选择基于刚度的几何级数离散方法，对六参数 Iwan 模型刚度方程 [式(4.23) 和式(4.24)] 进行离散化处理，并设置不同的 Jenkins 单元数目 ($n=4, 8, 12, 16$)。在 ANSYS 环境中建立含有 $n+2$ 个 Jenkins 单元（通过 COMBIN40 单元实现）的单自由度模型。对其施加幅值为 1.5×10^{-5}m 的位移载荷，得到不同 Jenkins 单元数目情况下的计算结果。由图 4.7 可知，不同 Jenkins 单元数目的计算结果与解析解 [式(4.21)] 均符合较好。

取 $n=16$，采用基于刚度的几何级数离散方法对 4.2 节中其他三组参数识别结果进行计算。计算结果与解析解在对数坐标系下的对比如图 4.8 所示，计算误差如表 4.7 所示。结果表明，不同预紧方式、不同预紧力大小的四组计算结果误差均小于 4%。

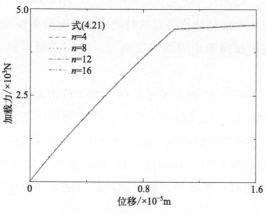

图 4.7 力-位移曲线对比

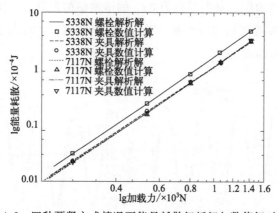

图 4.8 四种预紧方式情况下能量耗散解析解与数值解对比

表 4.7 四种预紧方式情况下能量耗散解析解与数值解误差对比

F/N	误差/%			
	夹具预紧(5338N)	夹具预紧(7117N)	螺栓预紧(5338N)	螺栓预紧(7117N)
267	3.65	3.86	2.39	−0.47
534	−3.76	2.03	1.02	−3.29
800	−0.60	2.00	0.76	2.17
1068	2.84	−3.36	−1.44	1.41
1423	1.23	1.82	1.63	−1.09

下面进一步讨论六参数 Iwan 模型对连接界面非线性行为的描述能力。用六参数 Iwan 模型代替连接结构，开展单自由度振子系统的数值计算。选择预紧力为 7117N 的螺栓预紧结构实验结果对六参数 Iwan 模型进行参数识别，其中振子质量为 93kg，频率 f_0 为 330Hz。施加幅值分别为 1000N（微观滑移）、4430N

(宏观滑移起始点)、4500N（略大于宏观滑移力）和 8000N（宏观滑移）的余弦加载力。采用谐波平衡法将计算得到的响应展开为七阶谐波表示，得到各阶谐波的傅里叶系数，重构获得振子的加速度响应，并与数值计算结果进行对比，如图 4.9 所示。

加载力幅值为 1000N 和 4430N 时，仅考虑一阶谐波便能准确描述振子的加速度响应特征，如图 4.9(a) 和 (b) 所示。外载幅值小于或等于连接结构的宏观滑移力时振子的响应为线性响应，这与 Segalman 文献的描述一致。

加载力幅值为 4500N 时，系统处于微观-宏观滑移过渡阶段，如图 4.9(c) 所示。在微观-宏观滑移过渡阶段，振子出现轻微的非线性响应，但仍以线性响应为主。

加载力幅值为 8000N 时，系统处于宏观滑移阶段。在宏观滑移阶段出现了明显的高阶非线性响应，其中频率为 $3f_0$ 的谐波幅值最高，如图 4.9(d) 所示。

结果表明，各阶高频响应的频率为 f_0 的奇数倍。六参数 Iwan 模型能够描述连接结构的高频响应。

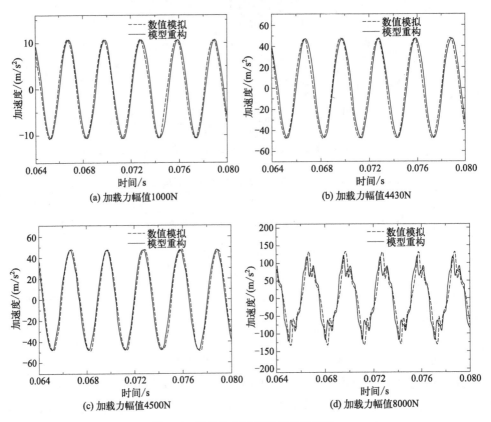

图 4.9　质量块加速度响应曲线对比

4.5 本章小结

本章基于螺栓连接结构静、动态实验结果,开展了六参数 Iwan 模型的参数辨识。根据六参数 Iwan 模型刚度方程,提出了基于位移的算术级数、基于位移的几何级数、基于刚度的算术级数和基于刚度的几何级数四种离散化方法。开展了连接结构单自由度模型的数值计算,讨论了不同的离散化方法和不同的 Jenkins 单元数量对计算精度的影响。

数值模拟结果表明,Jenkins 单元数量越多,能量耗散计算结果的精度越高。由于最小的加载力幅值为 267N,仅为宏观滑移力的 6%,因此需要对微观滑移初始时刻的刚度非线性特性进行准确描述,即对六参数 Iwan 模型刚度方程中 $x=0$ 附近的刚度进行精细划分。基于位移的离散化方法虽然能够控制位移的划分精度,但由于刚度-位移之间存在非线性关系,因此无法控制刚度的划分精度,在 Jenkins 单元数量较少的情况下计算误差较大。基于刚度的算术级数离散方法可以将刚度平均分割,而基于刚度的几何级数离散方法可以实现微观滑移初始时刻刚度的精细划分,因此与其他三种离散化方法相比,基于刚度的几何级数离散方法计算精度更高。力-位移骨线方程的计算结果对 Jenkins 单元数量并不敏感,当 $n=4$、8、12、16 时均能得到较好的计算结果。

开展了含六参数 Iwan 模型的单自由度振子系统在不同激励量级下的振动分析,结果表明,六参数 Iwan 模型能够很好描述连接结构非线性高频响应。

参 考 文 献

[1] Argatov I I, Butcher E A. On the iwan models for lap-type bolted joints [J]. International Journal of Non-Linear Mechanics,2011,46(2):347-356.

[2] Wentzel H. Modelling of frictional joints in dynamically loaded structures: a review [R]. Stockholm: Royal Institute of Technology,2006:1-25.

[3] Yue X. Developments of joint elements and solution algorithms for dynamic analysis of jointed structures [D]. Boulder:University of Colorado,2002.

[4] Oldfield M, Ouyang H, Mottershead J E. Simplified models of bolted joints under harmonic loading [J]. Computers & Structures,2005,84(1):25-33.

[5] Li Y, Hao Z, Feng J, Zhang D. Investigation into discretization methods of the six-parameter Iwan model [J]. Mechanical Systems and Signal Processing,2017,85:98-110.

第 5 章

螺栓连接结构实验研究

5.1 引言

由于无法直接观测连接界面的力学过程,因此连接界面非线性力学行为的研究多是基于间接实验。所谓间接实验,就是在无法直接测量连接界面力学量的前提下,通过测量含界面的连接结构的整体行为来表征连接界面。

早在 20 世纪 60 年代,研究者便对连接结构能量耗散、界面阻尼等非线性现象开展了实验研究。Ungar 针对航空、航天工程中的各类连接结构开展了研究工作,主要研究对象包括铆钉连接、螺栓连接、点焊连接、连续焊接等,其实验装置为一个含有不同连接件的悬臂盘。Ungar 首先采用一个单点激励器对该结构施加瞬态激励,通过测量振幅的衰减速率得到连接件的阻尼。随后研究了螺栓预紧力矩、螺栓间距、试件几何尺寸、材料属性、表面光洁度、大气压力以及润滑特性对连接件阻尼的影响。其实验研究结果表明,接触界面上由切向外载引起的微观滑移是造成连接阻尼的主要原因。Ungar 的实验结果验证了 Goodman 的能量耗散理论,但能量耗散数值与外力的 2 次方成正比。Metherell 最早采用加载力-相对位移迟滞回线所围成的封闭区域面积来计算能量耗散,并且通过实验研究发现了连接结构刚度随切向外载荷变化的非线性特性。Rogers 设计了一种实验装置,可以准确测量金属连接件在切向载荷作用下所产生的迟滞回线。他采用该装置对不同金属试件的摩擦接触问题开展循环加载实验,循环加载的频率为 $200\,\mathrm{Hz}$。

Moloney 研究发现，含连接结构的振子系统在共振频率下的响应可以准确刻画连接接触界面的微观滑移现象。Gaul 设计了一种切向谐波激励器，可对振子系统、哑铃（dumbbell）系统施加不同频率的正弦激励，并采用该装置对连接结构开展实验研究，测量得到了加载力、加速度和相对位移时程曲线，进而得到连接结构在切向外载作用下的迟滞回线，通过计算迟滞回线所围成的封闭区域的面积得到了能量耗散。

一方面，由于连接接触问题机理十分复杂，除上述实验现象外，不同种类、不同工况、不同形式的连接结构或许还存在其他非线性力学现象，因此连接结构实验研究还有待更全面、更深入地开展。另一方面，本书前述章节提出了连接结构本构模型，给出了连接结构本构模型的应用方法，接下来需要开展实验研究工作对所提出模型的适用性进行验证。

因此，为了系统研究连接结构的静、动力学特性并对前述章节所提出的连接结构本构模型进行验证，本章设计并开展了螺栓连接结构静力学和动力学实验，进一步讨论不同接触表面粗糙度、不同螺栓预紧力矩和不同螺栓排布方式对螺栓连接结构力-位移关系和能量耗散特性的影响。考虑采用材料试验机开展准静态实验研究工作，采用振动台进行动力学实验研究工作。实验研究包括以下四个内容：①扭力校核预实验；②迟滞回线预实验；③螺栓连接结构准静态实验；④螺栓连接结构 BMD 动力学实验。

5.2 扭力校核预实验

实际工程应用中，一般采用标定好的扭力扳手对螺栓连接结构进行预紧。为了得到螺栓预紧力与力矩之间的关系，需要对连接结构进行扭力校核。

实验所用试件材料为 45 号钢，几何尺寸如图 5.1 所示（单位为 mm），其在 z 方向的尺寸为 30mm。上、下试件通过螺栓紧固，为方便应变片走线，在试件上预留了 6mm×3mm 的开槽，如图 5.2(a) 所示。采用长度为 45mm 的半螺纹 M8 螺杆，为了获取更准确的测试结果，考虑在螺杆上对称布置 4 个应变片，如图 5.2(b) 所示。补偿片与应变放大器如图 5.2(c) 和 (d) 所示。

为了保证实验结果的准确性，分别采用 5 组长度为 45mm 的半螺纹 M8 螺栓进行实验。采用精度为 ±2%、扭矩范围为 1.5～30N·m 的扭力扳手，对每一组螺栓依次施加 2N·m、4N·m、10N·m、12N·m 和 14N·m 的力矩。加载达到 14N·m 后将螺母拧松并重新加载，共进行 8 次。

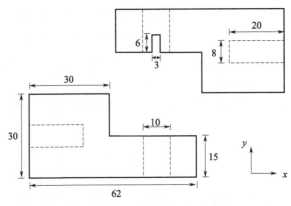

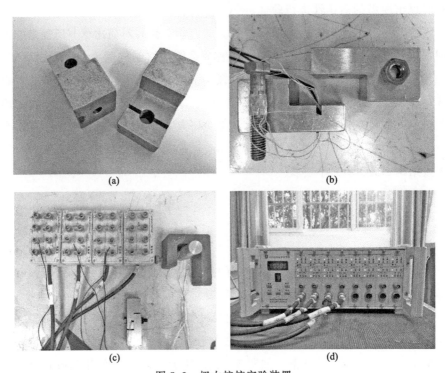

图 5.1　扭力校核试件几何尺寸

图 5.2　扭力校核实验装置

查询机械零件强度计算手册可知,预紧力矩与预紧力之间的近似关系为

$$M = fQ_0 d \tag{5.1}$$

式中,M 为预紧力矩;Q_0 为预紧力;d 为螺杆直径;f 为当量摩擦系数。

本书实验所采用的螺栓、螺母表面均为氧化镀层,所对应的当量摩擦系数为 0.24,所贴应变片处的螺杆直径为 8mm。

应变片的微应变与输出电压读数之间的关系为

$$\mu\varepsilon = \frac{4 \times 输出电压 \times 10^6}{k_c \times 桥压 \times 有用桥臂数 \times 增益} \tag{5.2}$$

式中，输出电压单位为 mV；桥压为 2V；有用桥臂数为 1；增益为 200；应变片灵敏度 k_c 为 1.66。

因此微应变与输出电压读数之间的对应关系为

$$1\mu\varepsilon \Rightarrow 6.024 \text{mV} \tag{5.3}$$

预紧力 F 与应变之间的关系为

$$F = \sigma A = E\varepsilon \frac{\pi}{4} d^2 \tag{5.4}$$

式中，E 为弹性模量；A 为螺杆横截面积。

由式(5.3)和式(5.4)可得到预紧力与输出电压读数之间的对应关系为

$$1\text{N} \Rightarrow 63.85 \text{mV} \tag{5.5}$$

根据式(5.1)和式(5.5)，将实验测试结果与手册结果进行对比，如图 5.3 所示。其中图 5.3(a)~(e) 中数字代表加载次数。由于螺栓 2 的应变片绝缘失效，因此仅有前 3 次测量结果。

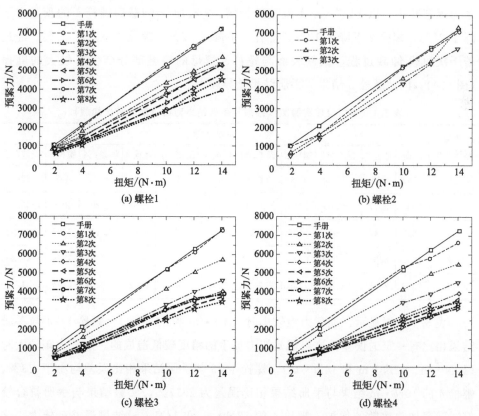

图 5.3

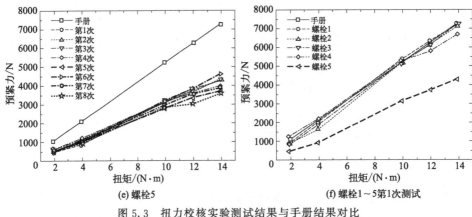

(e) 螺栓5　　　　　　　　　　　　(f) 螺栓1~5第1次测试

图 5.3　扭力校核实验测试结果与手册结果对比

螺栓 1~5 的首次加载结果与手册对比如图 5.3(f) 和表 5.1 所示。由图 5.3(f) 可知，螺栓 1~3 的第 1 次加载结果与手册符合较好。由于试件表面与螺杆、螺母的接触部分逐渐发生磨损，螺栓 4 的第 1 次加载结果中 12N·m 和 14N·m 误差已较大。随着加载-卸载次数的增加，螺杆、螺母上的螺纹逐渐磨损，螺栓预紧力逐渐减小。以 14N·m 实验结果为例，3 次加载-卸载后螺栓 1 的预紧力下降了 25%，螺栓 2 下降了 12%，螺栓 3 下降了 37%，螺栓 4 下降了 31%。经过若干次加载-卸载过程，试件表面与螺杆、螺母的接触部分产生了较大的磨损（图 5.4），因此螺栓 5 结果与手册结果差异较大。

表 5.1　扭力校核实验测试结果与手册结果对比（螺栓首次加载）

力矩/(N·m)	加载力/N									
	手册	螺栓1	误差/%	螺栓2	误差/%	螺栓3	误差/%	螺栓4	误差/%	螺栓5	误差/%
2	1042	913	−12.38	958	−8.06	789	−24.28	1213	16.41	447	−57.10
4	2083	2027	−2.69	1616	−22.42	1868	−10.32	2235	7.30	862	−58.62
10	5208	5345	2.63	5172	−0.69	5209	0.02	5321	2.17	3097	−40.53
12	6250	6366	1.86	6149	−1.62	6101	−2.38	5811	−7.02	3688	−40.99
14	7292	7235	−0.78	7126	−2.28	7284	−0.11	6662	−8.64	4294	−41.11

表 5.1 数据显示，加载力矩较小时（2N·m 和 4N·m），螺栓 1~4 与手册结果相比有一定的误差，这可能是扭力扳手的精度较低造成的。加载力矩较大时（10N·m、12N·m 和 14N·m），螺栓 1~3 与手册结果相比误差均小于±3%，螺栓 4 的 10N·m 结果与手册结果相比误差为 2.17%，实验结果与手册符合较好。随着加载次数的增加，螺栓 4 的 12N·m 和 14N·m 结果误差已较大，分

别为-7.02%和-8.64%。经过若干次加载-卸载过程后，螺栓5与手册结果相比误差最大，各组结果误差均大于-40%。

图 5.4 多次加载后试件表面发生磨损

5.3 迟滞回线预实验

为了获得螺栓连接结构在循环载荷作用下的迟滞回线，采用材料试验机对螺栓连接结构开展循环加载实验。实验所用试件材料为 45 号钢，几何尺寸如图 5.5 所示（单位为 mm），其在 z 方向的尺寸为 30mm。首先用酒精清洁螺栓连接结构接触表面。待酒精完全挥发后用虎头钳固定试件，采用扭力扳手施加 12N·m 的力矩进行预紧。试件左、右端面预留有 M8 螺孔，实验中采用两根 M8 螺杆（长 75mm）作为夹头，将试件固定至材料试验机上。采用 50mm 引伸计测量接触表面的相对位移。实验装置如图 5.6 所示。加载过程采用力控制，分

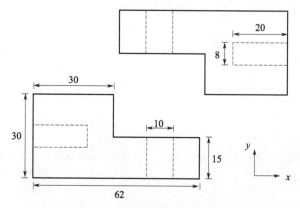

图 5.5 迟滞回线预实验试件示意

别对试件施加幅值为 600N、800N 和 1000N 的正弦载荷,加载频率为 0.05Hz,共加载 10 个循环。

图 5.6　螺栓连接结构准静态实验装置

不同加载力幅值情况下的迟滞回线如图 5.7 所示,螺栓连接结构在循环载荷作用下力-位移曲线呈现明显的非线性特征,并形成迟滞回线。迟滞回线具有明显的不对称特性,当加载力幅值为 1000N 时,位移变化范围为 $-0.06 \sim 0.035$mm。

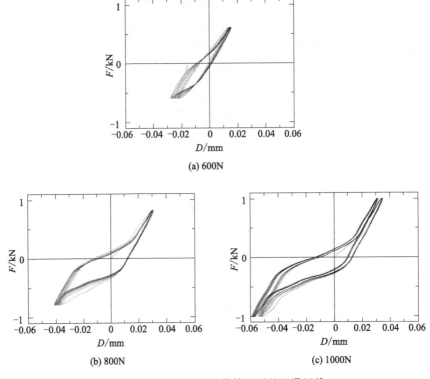

图 5.7　不同加载力幅值情况下的迟滞回线

对同一试件重复上述加载,其中加载力幅值为 1000N 的三组实验结果如图 5.8 所示。结果表明,第一次加载时,位移变化范围为 $-0.06\sim 0.035$mm;第二次加载时,位移变化范围为 $-0.05\sim 0.053$mm;第三次加载时,位移变化范围为 $-0.03\sim 0.04$mm。第一次加载的力-位移关系随时间变化曲线如图 5.9 所示。

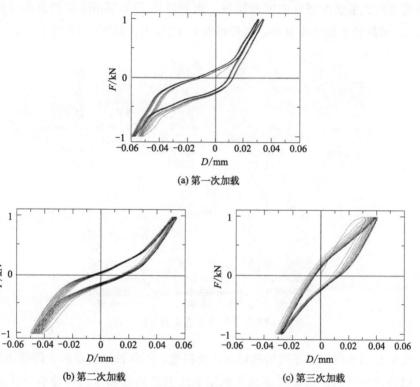

图 5.8 三次加载所得迟滞回线对比(加载力幅值为 1000N)

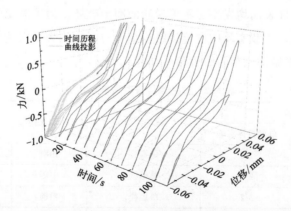

图 5.9 第一次加载的力-位移关系随时间变化曲线(1000N)

5.4 准静态实验

预实验所采用的试件不含夹头,试件与试验机之间由直径为8mm的螺杆连接。由于连接刚性较差,所得迟滞回线呈现不对称特征,且重复性较差。为了得到精度更高、重复性更好的实验结果,重新设计了含15mm直径夹头(长度为55mm)的螺栓连接结构试件,试件材料为45号钢,如图5.10所示。

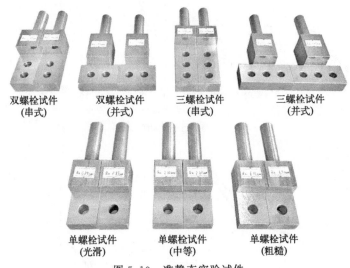

图 5.10 准静态实验试件

实验分别考虑三种不同的接触表面粗糙度、不同预紧力矩和不同螺栓排布方式的螺栓连接结构,测量循环载荷作用下的迟滞回线和单调位移载荷作用下的力-位移曲线。扭力校核预实验结果表明,对螺栓-螺母进行多次加、卸载后,螺纹与连接结构试件表面均发生了不可逆转的磨损破坏。为了避免多次加、卸载对实验结果的影响,本节实验中的连接结构试件与螺栓均为一次性使用,共计加工了18对螺栓连接结构试件,试件编号如表5.2所示。

表 5.2 试件编号表(准静态实验)

试件编号		试件类型	表面粗糙度	预紧力矩/(N·m)
迟滞回线实验	单调拉伸实验			
1-1	1-2	单螺栓	光滑	24
2-1	2-2	单螺栓	中等	24
3-1	3-2	单螺栓	粗糙	24
4-1	4-2	单螺栓	中等	10

续表

试件编号		试件类型	表面粗糙度	预紧力矩/(N·m)
迟滞回线实验	单调拉伸实验			
5-1	5-2	单螺栓	中等	18
6-1	6-2	双螺栓(串式)	中等	24
7-1	7-2	双螺栓(并式)	中等	24
8-1	8-2	三螺栓(串式)	中等	24
9-1	9-2	三螺栓(并式)	中等	24

实验前用酒精清洁螺栓连接结构接触表面。为了保证螺栓连接结构的同轴精度，首先将上、下试件分别安装至试验机，调节试验机夹具的角度直至上、下试件接触表面相互紧贴，调节夹具行程直至上、下试件螺孔完全重合。随后在螺孔位置安装螺栓、螺母、弹簧垫圈以及平垫圈，采用扭力扳手对螺栓进行预紧。采用精度为5‰的50mm引伸计测量接触表面的相对位移，试验机加载控制精度为5‰（0.1kN）。对螺栓连接结构施加0.05Hz的正弦载荷，载荷幅值分别为500N、1000N、1500N、2000N和2500N。将引伸计读数换算为位移，得到位移-时间曲线和加载力-时间曲线。

5.4.1 表面粗糙度的影响

实验采用单螺栓试件1-1、2-1和3-1，螺栓预紧力矩均为24N·m。各组试件的表面粗糙度如表5.3所示。

表5.3 各组试件的表面粗糙度

试件编号	接触表面粗糙度 $R_a/\mu m$	
	连接件1	连接件2
1-1	0.84	0.83
1-2	0.81	0.89
2-1	2.10	2.20
2-2	2.15	2.21
3-1	6.35	6.54
3-2	6.29	6.78

试件1-1在不同加载力幅值情况下的位移-时间曲线与加载力-时间曲线如图5.11所示。由图5.11可知，不同加载力幅值情况下螺栓连接结构接触界面的相对位移幅值并不相同。加载力幅值越大，位移幅值越大。实验所选择的加载力幅值均未达到螺栓连接结构的宏观滑移力，螺栓连接结构处于微观滑移状态，其

位移-时间关系为正弦曲线。

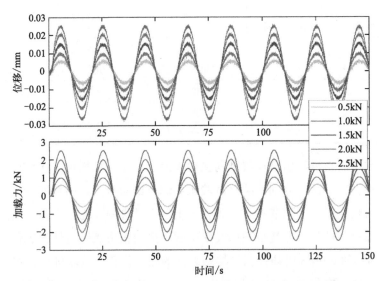

图 5.11 在不同加载力幅值情况下的位移-时间曲线与加载力-时间曲线（试件 1-1）

由于实验加载力量级、位移幅值均较小，因此所得曲线存在明显的噪声。以加载力幅值为 2500N 情况为例，对实验结果进行快速傅里叶滤波，滤波前后实验结果对比如图 5.12 所示。滤波后的迟滞回线如图 5.13 所示。由于加载量级较小，因此迟滞回线的形状较为扁平。与预实验所采用的无夹头试件相比，采用含夹头试件在不同加载力幅值情况下所得到的迟滞回线在加载、卸载阶段关于原点对称，迟滞回线质量更好。

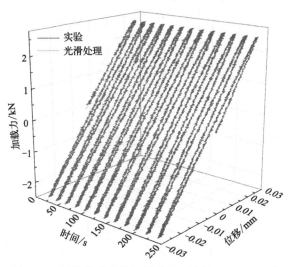

图 5.12 滤波前后实验结果对比（试件 1-1，2500N）

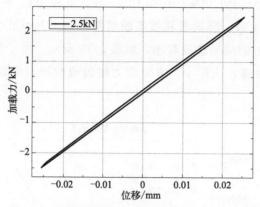

图 5.13　滤波后的迟滞回线（试件 1-1，2500N）

在加载力-位移平面内，迟滞回线所围成的封闭区域的面积即为能量耗散。三种不同表面粗糙度试件在不同加载力幅值情况下的能量耗散实验结果如图 5.14 所示。

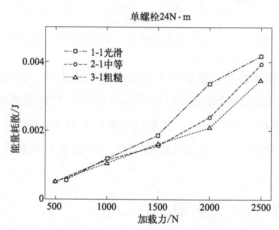

图 5.14　三种不同表面粗糙度试件在不同加载力幅值情况下的能量耗散实验结果

实验结果表明，试件表面粗糙度对能量耗散有影响。在相同的加载力幅值情况下，试件 1-1 的表面较光滑，粗糙度 R_a 为 0.83 和 0.84，其能量耗散较大；试件 2-1 的表面粗糙度 R_a 为 2.10 和 2.20，其能量耗散比试件 1-1 略低；试件 3-1 的表面粗糙度 R_a 为 6.35 和 6.54，其能量耗散最低。这个结论与 Eriten 等的实验研究结论是一致的。

5.4.2　螺栓预紧力矩的影响

选取具有相同表面粗糙度等级的单螺栓试件 4-1、5-1 开展不同预紧力矩实验，螺栓预紧力矩分别为 10N·m 和 18N·m。试件 4-1、5-1 接触表面粗糙度 R_a 范围为 1.93~2.17。将能量耗散实验结果与 5.4.1 小节中试件 2-1（R_a 为 2.10、R_a 为 2.20）的结果进行对比，如图 5.15 所示。由于预紧力矩较小，为了避免发生宏观滑移，试件 4-1 的加载力幅值也较小，分别为 600N、800N、1000N 和 1200N。

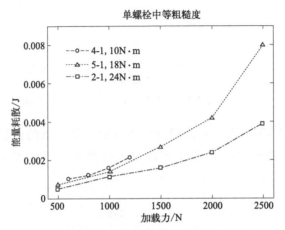

图 5.15　不同预紧力矩情况下的能量耗散实验结果

图 5.15 中的数据表明，预紧力矩对能量耗散有影响。在相同的加载力幅值情况下，试件 4-1 的螺栓预紧力矩最小（10N·m），其能量耗散较大；试件 5-1 的螺栓预紧力矩较小（18N·m），其能量耗散比试件 4-1 略低；试件 2-1 的螺栓预紧力矩最大（24N·m），其能量耗散最低。即预紧力矩越大，试件能量耗散越小。

5.4.3　螺栓排布方式的影响

选取具有相同表面粗糙度等级的试件 6-1、7-1、8-1 和 9-1 开展不同螺栓排布方式的连接结构实验，螺栓预紧力矩均为 24N·m。将不同螺栓排布情况的能量耗散实验结果与试件 2-1 的结果进行对比，如图 5.16 所示。

图 5.16 中的实验数据表明，螺栓排布方式对能量耗散有影响。在相同的加载力幅值情况下，单螺栓试件 2-1 的能量耗散最小；双螺栓试件 6-1 和 7-1 的能量耗散大于单螺栓试件；三螺栓试件 8-1 和 9-1 的能量耗散最大。即同样预紧力矩情况下，螺栓数量越多，能量耗散越大。

在相同的加载力幅值情况下，三螺栓串联试件 8-1 的能量耗散大于三螺栓并联试件 9-1；双螺栓串联试件 6-1 的能量耗散大于双螺栓并联试件 7-1。即同样预紧力矩、同样螺栓数量情况下，串联试件的能量耗散大于并联试件。

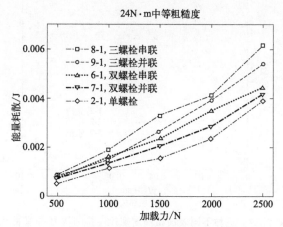

图 5.16 不同螺栓排布情况的能量耗散实验结果

5.4.4 螺栓连接结构力-位移关系

测量单调拉伸力-位移曲线时采用位移控制，对单螺栓连接结构施加单调位移载荷，加载速率为 0.1mm/min，加载直至发生宏观滑移，当螺杆受剪时停止加载，得到螺栓连接结构力-位移曲线。三种不同表面粗糙度螺栓连接结构力-位移曲线如图 5.17 所示。

由图 5.17 可知，在单调位移载荷作用下，连接结构接触界面首先进入微观滑移阶段，连接结构试件所受外力随位移的增加而增加。当位移达到约 0.06mm 时，连接结构所受外力达到最大值，随后进入宏观滑移阶段。在宏观滑移阶段，

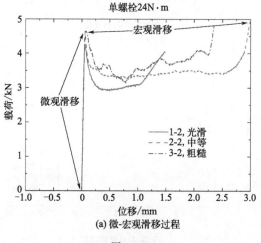

(a) 微-宏观滑移过程

图 5.17

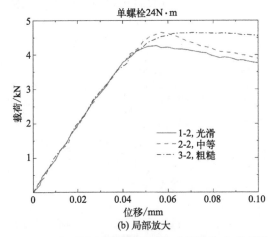

(b) 局部放大

图 5.17 三种不同表面粗糙度螺栓连接结构力-位移曲线

外力首先随位移载荷的增加而逐渐减小。随后在接触界面残余刚度的作用下，外力逐渐增大。螺孔间隙随着位移载荷的增大而不断减小，当螺孔间隙减小至螺杆受剪时，外力急剧增大。

在微观滑移阶段，三种不同表面粗糙度试件的力-位移曲线几乎重合。在宏观滑移阶段，力-位移曲线的光滑程度随表面粗糙度的不同而变化。当表面粗糙度较大时（试件 3-2），曲线波动明显；当表面粗糙度较小时（试件 1-2），曲线则几乎无波动。

不同预紧力矩情况下的力-位移曲线如图 5.18 所示。

由图 5.18 可知，在微观滑移阶段，三种不同预紧力矩情况下的力-位移曲线几乎重合。预紧力矩越大，则连接结构宏观滑移力也越大。在宏观滑移阶段，外力首

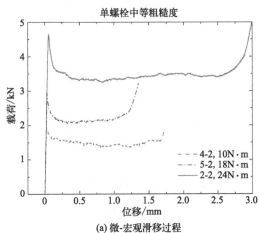

(a) 微-宏观滑移过程

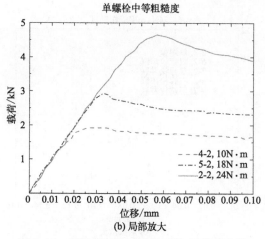

(b) 局部放大

图 5.18 不同预紧力矩情况下的力-位移曲线

先随位移载荷的增加而逐渐减小。接触界面残余刚度现象并不明显，随着位移载荷的增加，外力并无明显的增大。当螺孔间隙减小至螺杆受剪时，外力急剧增大。

不同螺栓排布情况下的力-位移曲线如图 5.19 所示。

由图 5.19 可知，在微观滑移阶段，单螺栓试件、双螺栓串联试件和三螺栓串联试件的力-位移曲线几乎重合，双螺栓并联试件和三螺栓并联试件的力-位移曲线几乎重合。单螺栓试件、双螺栓串联试件和三螺栓串联试件的刚度略小于双螺栓并联试件和三螺栓并联试件。在宏观滑移阶段，外力首先随位移载荷的增加而逐渐减小。三螺栓试件的宏观滑移力最大，双螺栓试件的宏观滑移力次之，单螺栓试件的宏观滑移力最小。双螺栓试件的接触界面残余刚度现象并不明显，随着位移载荷的增加，外力并无明显的增大。

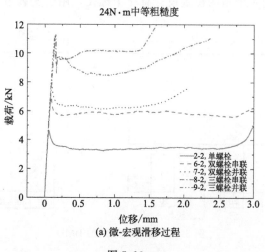

(a) 微-宏观滑移过程

图 5.19

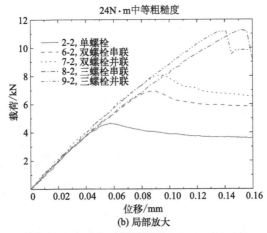

(b) 局部放大

图 5.19　不同螺栓排布情况下的力-位移曲线

5.5　BMD 动力学实验

为了研究螺栓连接结构在振动载荷作用下的非线性力学行为，设计了大质量块装置（BMD）。实验所采用的 BMD 如图 5.20 所示（单位为 mm），该装置材料为 45 号钢，总质量为 101.55kg。实验采用宽 30mm 的螺栓连接结构试件，因此在装置底部设计了一个宽 30.5mm、深 2mm 的矩形槽。矩形槽上方为一个直径 10mm 的圆孔，用于通过 30mm 长的 M8 螺栓，将连接结构试件与大质量块装置相连。在装置正中设计了一个深 190mm、直径 30mm 的圆柱形空槽。大质量块装置顶部靠近 4 个角的位置设计有 4 个螺孔，用于安装吊环。

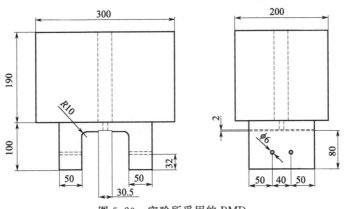

图 5.20　实验所采用的 BMD

实验前用酒精清洁螺栓连接结构接触表面。待酒精完全挥发后,采用扳手和一个长度为35mm的加长套头对圆柱形空槽内的M8螺栓进行预紧,将螺栓连接结构试件上件紧紧固定在大质量块装置上。采用M8螺栓将螺栓连接结构试件下件固定于圆盘形夹具上,随后采用4个M8螺栓将带有试件的夹具固定在推力为2t的振动台工作面上。采用橡胶吊绳和吊车对大质量块装置进行吊装,使螺栓连接结构上、下连接件接触表面重合,调整吊车使上、下连接件的螺孔对齐后,安装螺栓、螺母、弹簧垫圈和平垫圈,随后使用扭力扳手进行预紧。

实验共使用3个单轴加速度传感器,分别位于圆盘形夹具和连接结构上、下连接件上。为了保证实验精度,将加速度传感器尽量布置在圆盘中轴线上。大质量块装置、传感器布置和实验试件如图5.21所示。试件编号如表5.4所示。

(a) 大质量块装置

(b) 传感器布置

(c) 实验试件

图5.21 大质量块装置、传感器布置和实验试件

表 5.4 试件编号（BMD 振动实验）

实验编号	试件编号	试件类型	表面粗糙度	预紧力矩/(N·m)
1	1-1,1-2,1-3	单螺栓	光滑	24
2	2-1,2-2,2-3	单螺栓	中等	24
3	3-1,3-2,3-3	单螺栓	粗糙	24
4	4-1,4-2,4-3	单螺栓	中等	10
5	5-1,5-2,5-3	单螺栓	中等	18
6	6-1,6-2,6-3	双螺栓(串式)	中等	24
7	7-1,7-2,7-3	双螺栓(并式)	中等	24
8	8-1,8-2,8-3	三螺栓(串式)	中等	24
9	9-1,9-2,9-3	三螺栓(并式)	中等	24

实验分别考虑三种不同的接触表面粗糙度、不同预紧力矩和不同螺栓排布方式的螺栓连接结构，激励方式为轴向正弦加速度激励，激励量级分别为 $0.1g$、$0.2g$、$0.3g$、$0.4g$、$0.5g$、$0.6g$、$0.8g$、$1.0g$ 和 $1.2g$。激励频率为大质量块装置的一阶共振频率。首先对装置开展正弦扫频实验，扫频范围为 $100\sim 2000\text{Hz}$，扫频得到一阶共振频率后，施加定频正弦激励，待装置响应达到稳定状态后获得加速度传感器峰值读数。

以三螺栓并联试件结果为例，扫频所得加速度-时间曲线如图 5.22(a) 所示。其中 A_c 为夹具处控制点加速度传感器读数，A_b 为试件下部加速度传感器读数，A_m 为试件上部加速度传感器读数。激励量级为 $0.1g$。首先在前 20s 进行预扫频，加载、测试无报错后开始 $100\sim 2000\text{Hz}$ 扫频。前 90s 范围内，随着加载频率的增加，控制点、试件下部和试件上部的加速度传感器读数几乎没有变化。从 100s 开始，随着加载频率的增大，各传感器读数急剧增大。直至约 110s 时出现峰值，其中控制点处的加速度幅值达到 $6g$，试件下部加速度幅值达到 $5.8g$，试件上部加速度幅值达到 $3.5g$，随后各传感器读数急剧减小。实验测量得到该共振频率为 273Hz。在不同阶段分别截取历时 0.02s 的加速度-时间曲线，如图 5.22(b) 和(c) 所示。在 $25.00\sim 25.02\text{s}$ 范围内，不同位置处的加速度幅值与输入量级几乎一致，为 $0.1g$。由于量级较小，因此曲线存在明显的噪声。在 $107.50\sim 107.52\text{s}$ 范围内，不同位置处加速度曲线出现明显偏差。试件上部的加速度放大明显，光滑性、线性均较好；控制点和试件下部的加速度呈现明显的非线性特征。这与 Segalman 文献中的实验研究结果是相符的，即在共振频率附近，大质量块装置的基础部位的非线性响应十分显著，而质量块的响应以线性响应为主。

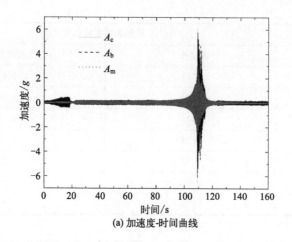

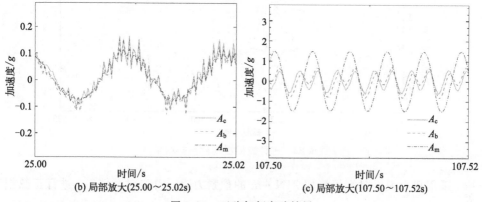

图 5.22 正弦扫频实验结果

5.5.1 表面粗糙度的影响

单螺栓连接结构的三个表面粗糙度等级分别为光滑（smooth）、中等（medium）、粗糙（rough），每一种粗糙度等级的试件各 3 组。其中光滑试件编号为 1-1、1-2 和 1-3，中等试件编号为 2-1、2-2 和 2-3，粗糙试件编号为 3-1、3-2 和 3-3。采用表面轮廓仪对试件表面进行扫描，扫描行程为 $500\mu m$。实测表面粗糙度如表 5.5 所示，三种表面粗糙度扫描结果如图 5.23 所示。

表 5.5 实测表面粗糙度

试件编号	接触表面粗糙度 $R_a/\mu m$	
	连接件 1	连接件 2
1-1	0.77	0.82
1-2	0.64	0.89

续表

试件编号	接触表面粗糙度 $R_a/\mu m$	
	连接件1	连接件2
1-3	0.72	0.91
2-1	1.23	1.40
2-2	1.10	1.13
2-3	1.28	1.39
3-1	2.88	2.76
3-3	2.60	2.89
3-3	2.90	2.84

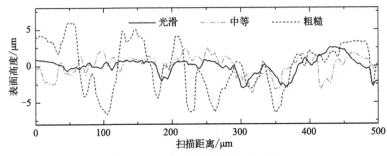

图 5.23 三种表面粗糙度扫描结果

采用扭力扳手对螺栓施加 24N·m 的预紧力矩。首先对试件 1-1 进行正弦扫频，激励量级为 0.6g，扫频范围为 100～2000Hz。实验测得共振频率为 197Hz，以该频率作为激振频率，分别加载 0.6g、0.8g、1.0g 和 1.2g 的轴向激励，采集控制点、试件下部和试件上部的加速度信号。试件 1-1 在幅值为 1.2g 定频正弦激励下的加速度-时间曲线如图 5.24 所示。加载过程中，首先进行预加载，约 17s 后进行定频激励。控制点、试件下部和试件上部的加速度响应均十分稳定。由于加载量级较小，控制点和试件下部的加速度传感器读数存在一定的噪声，试件上部的加速度曲线质量较好。在结构达到稳态响应后，读取三个加速度传感器的最大幅值，计算能量耗散。

实验结束后，将试件 1-1 更换为 1-2 和 1-3 并重复上述实验过程。受到试件加工精度以及实验过程中的诸多不可控因素的影响，部分试件在实验后接触表面发生明显的磨损，如图 5.25 所示。对实验结果进行筛选，将发生明显磨损的试件实验结果剔除，得到各组不同表面粗糙度试件的能量耗散-加载力幅值关系，如图 5.26 所示。各组名义相同试件（试件 1-1、1-3，试件 3-1、3-2、3-3）的实验数据重复性较好。实验结果表明，采用大质量块装置开展螺栓连接结构动力学

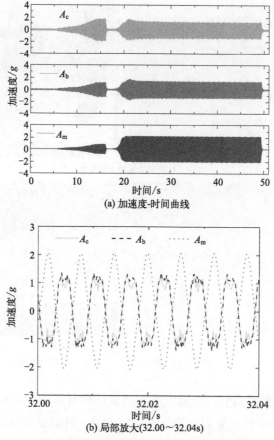

图 5.24 定频正弦激励实验结果（试件 1-1，激励幅值 1.2g）

实验是可行的。不同表面粗糙度试件的能量耗散结果并不相同。在相同的加载力幅值情况下，试件 1-1、1-3 的接触表面较光滑，表面粗糙度 R_a 范围为 0.64～0.91，其能量耗散较大；试件 2-2 的表面粗糙度 R_a 范围为 1.1～1.4，其能量耗散比试件 1-1、1-3 略低；试件 3-1、3-2 和 3-3 的表面粗糙度 R_a 范围为 2.6～Ra2.9，其能量耗散最低。这个结论与 5.4.1 小节中考虑不同接触表面粗糙度的准静态实验结论是一致的。

5.5.2 螺栓预紧力矩的影响

选取试件 4-1、4-2、4-3 和试件 5-1、5-2、5-3 开展不同预紧力矩的螺栓连接结构实验，螺栓预紧力矩分别为 10N·m 和 18N·m。所选试件的接触表面粗糙度 R_a 范围为 1.21～1.65。对实验结果进行筛选，将发生明显磨损的试件实验结果剔除，并与 5.5.1 小节中试件 2-2（R_a = 1.1～1.4）的结果进行对比，如图 5.27 所示。

(a) 实验后接触表面无明显磨损

(b) 实验后接触表面发生明显磨损

图 5.25　部分试件实验后接触表面发生明显磨损

图 5.27 中的数据表明，预紧力矩对能量耗散有影响。在相同量级的定频激励下，试件 4-1 的螺栓预紧力矩最小（10N·m），其能量耗散较大；试件 5-2 的螺栓预紧力矩较小（18N·m），其能量耗散比试件 4-1 略低；试件 2-2 的螺栓预紧力矩最大（24N·m），其能量耗散最低。即预紧力矩越大，试件能量耗散越小。这个结论与 5.4.2 小节中考虑不同螺栓预紧力矩的准静态实验结论是一致的。

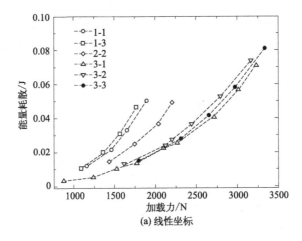

(a) 线性坐标

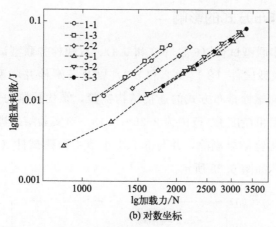

(b) 对数坐标

图 5.26　不同表面粗糙度情况下的能量耗散实验结果

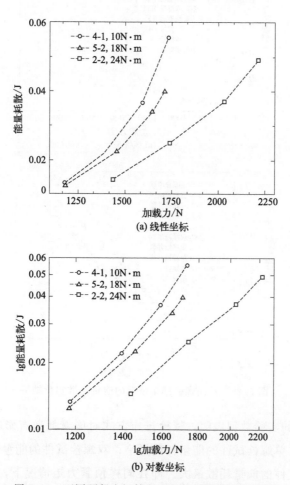

图 5.27　不同预紧力矩情况下的能量耗散实验结果

5.5.3 螺栓排布方式的影响

选取双螺栓串联型试件（6-1、6-2 和 6-3）、双螺栓并联型试件（7-1、7-2 和 7-3）、三螺栓串联型试件（8-1、8-2 和 8-3）以及三螺栓并联型试件（9-1、9-2 和 9-3），开展不同螺栓排布方式的连接结构实验，螺栓预紧力矩均为 24N·m。上述试件接触表面粗糙度 R_a 范围为 2.35~3.13。对实验结果进行筛选，将发生明显磨损的试件实验结果剔除，并与 5.5.1 小节中粗糙试件（3-1 和 3-3）的实验结果进行对比，如图 5.28 所示。

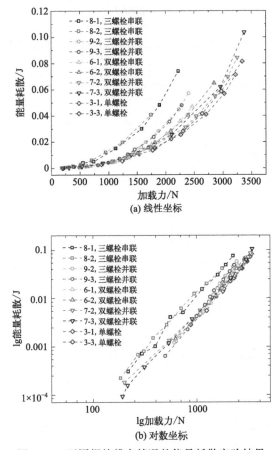

图 5.28 不同螺栓排布情况的能量耗散实验结果

图 5.28 中的实验数据表明，螺栓排布方式对能量耗散有影响。在相同量级的定频激励下，单螺栓试件的能量耗散最小；双螺栓试件的能量耗散大于单螺栓试件；三螺栓试件的能量耗散最大。即在同样预紧力矩情况下，螺栓数量越多，能量耗散越大。

在相同量级的定频激励下,三螺栓串联试件的能量耗散大于三螺栓并联试件;双螺栓串联试件的能量耗散大于双螺栓并联试件。即在同样预紧力矩、同样螺栓数量情况下,串联试件的能量耗散大于并联试件。以上结论与 5.4.3 小节中考虑不同螺栓排布方式的准静态实验结论是一致的。

由图 5.26~图 5.28 可知,在线性坐标系下,能量耗散与加载力幅值之间呈现非线性。在对数坐标系下,能量耗散与加载力幅值呈较好的线性关系。这种现象即为能量耗散幂律分布,其线性关系的斜率即为能量耗散幂指数。

对 1-1 组试件在 1.2g 定频激励下的 A_m 时间曲线进行快速傅里叶变换,得到加速度响应幅频曲线,如图 5.29 所示。5.5.1~5.5.3 小节中各组试件结果也是类似的,即各组数据中的加速度响应高阶频率的成分较少,加速度响应以线性响应为主。这与 Segalman 文献中的实验研究结果是相符的。本实验研究中,不同激励量级情况下的螺栓连接结构均处于微观滑移阶段,因此系统的非线性较弱,大质量块的响应以线性响应为主。

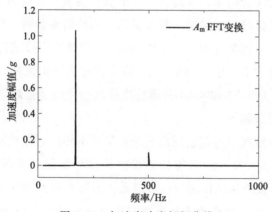

图 5.29 加速度响应幅频曲线

5.6 本章小结

本章进一步讨论接触表面粗糙度、螺栓预紧力矩和螺栓排布方式对螺栓连接结构力-位移关系和能量耗散特性的影响。采用材料试验机和振动台分别开展准静态实验研究及动力学实验研究,首先开展了扭力校核预实验。研究结果表明,加载力矩较小时(2N·m 和 4N·m),螺栓 1~4 与手册结果相比有一定的误差,这可能是扭力扳手的精度较低造成的。加载力矩较大时(10N·m、12N·m 和 14N·m),螺栓 1~3 与手册结果相比误差均小于±3%,螺栓 4 的 10N·m 结果与手册结果相比误差为 2.17%，实验结果与手册符合较好。随着加载次数的增加，试件表面与螺杆、螺母的接触部分逐渐发生磨损，螺栓 4 的第一次加载结果中 12N·m 和 14N·m 误差已较大，分别为 -7.02% 和 -8.64%。经过若干次加载-卸载过程，试件表面与螺杆、螺母的接触部分产生了较大的磨损，螺栓 5 与手册结果相比误差最大，各组结果误差均大于 -40%。

螺栓在重复使用后，螺纹与连接结构试件表面均发生了不可逆转的磨损破坏，预紧力会显著降低。以 14N·m 实验结果为例，三次加载-卸载后螺栓 1 的预紧力下降了 25%，螺栓 2 下降了 12%，螺栓 3 下降了 37%，螺栓 4 下降了 31%。因此在设计中应特别注意，对于需要控制预紧力的实际工程结构，螺栓不能重复使用。

迟滞回线预实验所采用的试件不含夹头，试件与试验机之间由直径为 8mm 的螺杆连接，引入不必要的螺栓连接使试件整体连接刚性变差，并且造成拉压刚度不对称。因而造成迟滞回线呈现不对称特征，且重复性较差。为了得到精度更高、重复性更好的实验结果，采用含 15mm 直径夹头（长度为 55mm）的螺栓连接结构试件，开展螺栓连接结构准静态实验。实验结果表明，在相同的加载力幅值情况下，接触表面粗糙度 R_a 为 0.83 和 0.84 的螺栓连接结构试件能量耗散较大；接触表面粗糙度 R_a 为 2.10 和 2.20 的螺栓连接结构试件能量耗散略低；接触表面粗糙度 R_a 为 6.35 和 6.54 的螺栓连接结构试件能量耗散最低。即接触表面越粗糙，能量耗散越小。

不同预紧力矩情况下的能量耗散实验结果并不相同。在相同的加载力幅值情况下，预紧力矩为 10N·m 的螺栓连接结构试件能量耗散较大；预紧力矩为 18N·m 的螺栓连接结构试件能量耗散略低；预紧力矩为 24N·m 的螺栓连接结构试件能量耗散最低。即预紧力矩越大，能量耗散越小。以上结论与 Eriten 等的实验研究结果是一致的。

在相同的加载力幅值情况下，单螺栓试件的能量耗散最小；双螺栓试件的能量耗散大于单螺栓试件；三螺栓试件的能量耗散最大。在相同螺栓数量情况下，三螺栓串联试件的能量耗散大于三螺栓并联试件；双螺栓串联试件的能量耗散大于双螺栓并联试件。即在同样预紧力矩情况下，螺栓数量越多，试件能量耗散越大；同样螺栓数量情况下，串联试件的能量耗散大于并联试件。

开展实验获取了螺栓连接结构在单调位移载荷作用下的力-位移曲线。结果表明，预紧力矩越大，宏观滑移力也越大。在微观滑移和宏观滑移的过渡阶段，力-位移曲线出现峰值后逐渐降低，随后接触表面发生宏观滑移。随着滑移量级的不断增大，螺杆与螺孔间隙不断减小，直至螺杆与螺孔表面接触，螺杆受剪。

设计大质量块装置（BMD），开展了螺栓连接结构动力学实验。采用品质因子法对螺栓连接结构能量耗散进行计算。结果显示，接触表面越粗糙，能量耗散越小；预紧力矩越大，能量耗散越小；同样预紧力矩情况下，螺栓数量越多，试件能量耗散越大；同样螺栓数量情况下，串联试件的能量耗散大于并联试件。上述结论与准静态实验结果是一致的。实验研究中，不同激励量级情况下的螺栓连接结构均处于微观滑移阶段，因此系统的非线性较弱，大质量块的响应以线性响应为主。

参 考 文 献

[1] Segalman D J, Gregory D L, Starr M J, et al. Handbook on dynamics of jointed structures [R]. Sandia National Laboratories, 2009.

[2] Gaul L, Lenz J. Nonlinear dynamics of structures assembled by bolted joints [J]. Acta Mechanica, 1997, 125 (1-4): 169-181.

[3] Ungar E E. The status of engineering knowledge concerning the damping of built-up structures [J]. Journal of Sound and Vibration, 1973, 26 (1): 141-154.

[4] Resor B R, Starr M J. Influence of Misfit Mechanisms on Jointed Structure Response [R]. Sandia National Laboratories, 2007.

[5] Eriten M, Polycarpou A A, Bergman L A. Effects of surface roughness and lubrication on the early stages of fretting of mechanical lap joints [J]. Wear, 2011, 271 (11): 2928-2939.

[6] Eriten M, Lee C H, Polycarpou A A. Measurements of tangential stiffness and damping of mechanical joints: direct versus indirect contact resonance methods [J]. Tribology international, 2012, 50: 35-44.

[7] Metherell A F, Diller S V. Instantaneous Energy Dissipation Rate in a Lap Joint-Uniform Clamping Pressure [J]. Journal of Applied Mechanics, 1968, 35 (1): 123-128.

[8] Rogers P F, Boothroyd G. Damping at Metallic Interfaces Subjected to Oscillating Tangential Loads [J]. Journal of Engineering for Industry, 1975, 97 (3): 1087-1093.

[9] Moloney C, Peairs D M, Roldan E R. Characterization of damping in bolted lap joints [C] //IMAC-XIX: A Conference on Structural Dynamics, 2001, 2: 962-969.

第 6 章

含螺栓连接结构的薄壁圆筒动力学特性研究

6.1 引言

目前的连接结构实验研究工作主要关注两个方面：一是研究接触非线性的力学机理；二是研究连接接触对结构动力学响应的影响。第 5 章开展了螺栓连接结构接触非线性机理实验研究，讨论了接触表面粗糙度、螺栓预紧力矩和螺栓排布方式对螺栓连接结构力-位移关系和能量耗散特性的影响。在第 5 章工作的基础上，本章设计了含三组单螺栓连接件的薄壁圆筒组合结构，进一步讨论连接接触对整体结构动力学响应的影响。6.2 节介绍了薄壁圆筒实验装置；6.3 节开展了不同激励量级的正弦扫频实验和定频激励实验；6.4 节为薄壁圆筒有限元数值模拟。

6.2 薄壁圆筒实验装置

薄壁圆筒组合结构包含两个部分：基础和圆筒。它们由三组单螺栓连接件连接而成，如图 6.1 所示。采用 45 号钢进行加工，材料参数为弹性模量 $E=200\mathrm{GPa}$，泊松比 $\nu=0.3$，密度 $\rho=7850\mathrm{kg/m^3}$。基础是一个外径为 360mm、内径为 160mm、厚度为 30mm 的圆环。考虑采用螺栓将圆环紧紧固定于振动台工作面，因此在圆环上预留 8 个 M8 螺孔，对称分布在直径为 304.8mm 的圆周上。三组单螺栓连接件以 120°的间隔分布在直径为 204mm 的圆周上。圆筒高度为

328mm，厚度为 5mm，外径为 240mm。将圆筒焊接在一个外径为 250mm、内径为 160mm、厚度为 10mm 的圆环上。单螺栓连接件的几何尺寸与第 5 章振动实验中单螺栓试件一致，表面粗糙度 R_a 为 3.2。

图 6.1　薄壁圆筒装置

实验前，首先将基础部分吊装至振动台工作面，采用 8 个 M8 螺栓将基础部分紧紧固定在振动台工作面上，采用丙酮清洗螺栓连接接触表面。随后通过薄壁圆筒上预留的两个吊孔将圆筒部分吊装，采用丙酮清洗螺栓连接接触表面。待 6 个螺栓连接接触表面上的丙酮完全挥发后，将圆筒部分放置在基础部分上。调整吊车高度，待三对单螺栓连接结构螺孔准确对齐后，安装螺栓、垫圈和螺母，采用扭力扳手对三组螺栓施加 24N·m 的预紧力矩，随后解除圆筒上的吊环。由于螺栓连接结构通过焊接方式与圆环相连，因此试件加工、焊接精度会对结构装配精度造成影响。在上述过程中，基础部分和圆筒部分的螺栓连接接触面一次装配成功，加工、焊接精度达到了设计要求。

装配完成后，在装置不同测点布置加速度传感器获取响应。测点分布示意如图 6.2 所示。

测点 1～4 对称分布于圆筒底部，各点相隔 90°。在圆筒中部布置 5、6 两个测点，相隔 180°。在圆筒顶部布置 7～10 四个测点，各点相隔 90°。测点 11、12 分别布置于第一个螺栓连接结构的上、下连接件上。测点 13、14 分别布置于第二个螺栓连接结构的上、下连接件上。测点 15、16 分别布置于第三个螺栓连接结构的上、下连接件上。

考虑在测点 1～10 处采集 x、y、z 三个方向的加速度，在测点 11～16 处采

集 z 方向的加速度。在底部圆环上布置 4 个控制点，采集 z 方向的加速度，实验共计采用 40 个加速度传感器，传感器布置完成后的薄壁圆筒实验装置如图 6.3 所示。

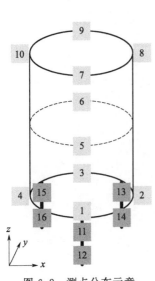

图 6.2 测点分布示意

图 6.3 传感器布置后的薄壁圆筒实验装置

6.3 薄壁圆筒动力学实验研究

6.3.1 正弦扫频实验

采用振动台对薄壁圆筒施加不同激励量级的正弦扫频实验。扫频范围为 200~1000Hz，扫频速率为 1oct/min。激励量级分别为 0.1g、0.2g、0.3g、0.4g、0.5g、0.6g、0.7g、0.8g、0.9g、1.0g、1.1g 和 1.2g。其中 0.3g 激励量级实验结果中，40 个传感器的加速度-时间曲线如图 6.4 所示。前 40s 范围内，随着加载频率的增加，各控制点和测点的加速度传感器读数几乎没有变化。从 48s 开始，随着加载频率的增大，各传感器读数急剧增大。随着加载频率的继续增加，各传感器读数逐渐降低。直至约 59s 时，各传感器读数逐渐增加，曲线出现峰值。分析实验结果可知，第一个峰值处，测点 7 和测点 9 在 y 方向的加速度幅值最大，为 497m/s^2。而测点 8 和测点 10 在 y 方向的加速度幅值较小，分别为 83m/s^2 和 77m/s^2。第二个峰值处，测点 7 在 z 方向的加速度幅值最大，

为 118m/s^2。测点 9 在 z 方向的加速度幅值为 102m/s^2。测点 8 和测点 10 在 z 方向的加速度幅值为 106m/s^2。

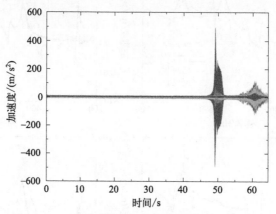

图 6.4　40 个传感器的加速度-时间曲线（0.3g）

对不同激励量级情况下的加速度-时间曲线进行快速傅里叶变换，得到加速度频率响应结果。在激励量级为 $0.1g$、$1.0g$ 和 $1.2g$ 的情况下，测点 10 在 z 方向的加速度-频率曲线如图 6.5 所示。结果显示，激励量级为 $0.1g$ 时，曲线在 433Hz 和 671Hz 处出现两个共振峰。当激励量级增大为 $1.0g$ 时，两个共振峰的频率分别为 432.5Hz 和 670Hz。当激励量级增大为 $1.2g$ 时，两个共振峰的频率则分别为 431Hz 和 667Hz。随着激励量级的增加，薄壁圆筒组合结构响应中的共振峰出现了向低频方向漂移的实验现象。由于连接接触的存在，随着激励量级的增加，整体结构呈现刚度软化现象。在激励量级为 $1.2g$ 的情况下，不同测点处的加速度-频率曲线如图 6.6 所示。

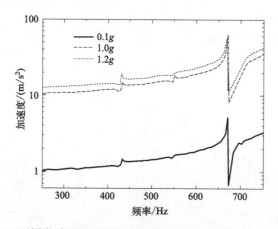

图 6.5　不同激励量级下的加速度-频率曲线（测点 10，z 方向）

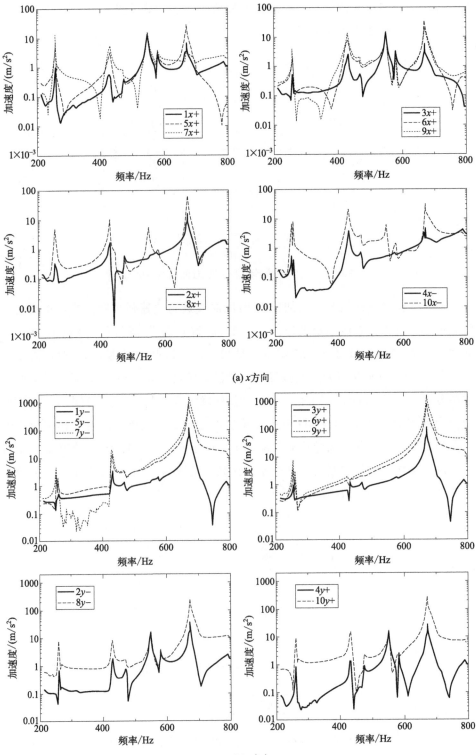

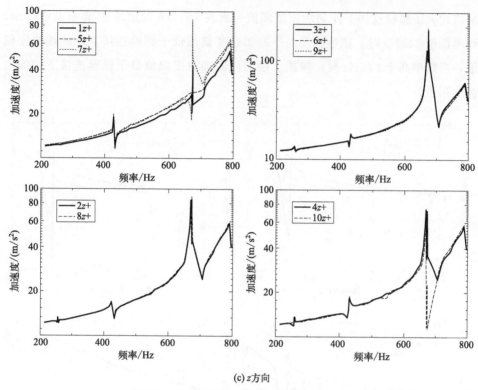

(c) z 方向

图 6.6 不同测点加速度-频率曲线 (1.2g)

图 6.6(a) 显示，不同测点处 x 方向的加速度-频率响应曲线包含四个共振峰，频率分别为 255Hz、430Hz、548Hz 和 671Hz。图 6.6(b) 显示，不同测点处 y 方向的加速度-频率响应曲线包含四个共振峰，频率分别为 256Hz、430Hz、548Hz 和 671Hz。548Hz 处，各测点的加速度响应幅值均较低。根据图 6.6(c) 可知，不同测点处 z 方向的加速度-频率响应曲线包含三个共振峰，频率分别为 255Hz、430Hz 和 671Hz。实验结果表明，薄壁圆筒组合结构的前三阶固有频率分别为 255Hz、430Hz 和 671Hz。

测点 3、6、9 在 x 方向的加速度-频率曲线显示，在 260~360Hz 范围内，较低处的测点加速度幅值较高，而较高处的测点加速度幅值较低。测点 1、5、7 在 y 方向的加速度-频率曲线显示，在 263~423Hz 范围内，较低处的测点加速度幅值较高，而较高处的测点加速度幅值较低。螺栓连接件各测点加速度中也出现了类似的现象。如图 6.7 所示，测点 11、12 在 z 方向的加速度-频率曲线显示，频率低于 273Hz 时，螺栓连接上件的加速度幅值低于螺栓连接下件的加速度幅值；当频率高于 273Hz 时，螺栓连接上件的加速度幅值高于螺栓连接下件的加速度幅值。测点 13、14 未有此现象，在整个频域中螺栓连接上件的加速度幅值均大于螺栓连接下件的加速度幅值。测点 15、16 的加速度-频率曲线显示，频率低于 345Hz 时，螺栓连接上件的加速度幅值低于螺栓连接下件的加速度幅值；当频率高于 345Hz 时，螺栓连接上件的加速度幅值高于螺栓连接下件的加速度幅值。

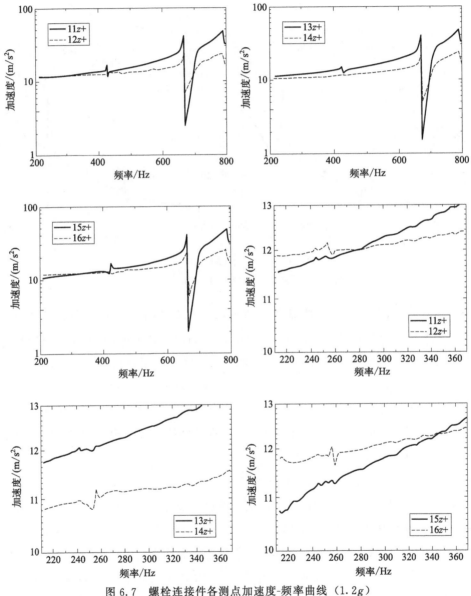

图 6.7　螺栓连接件各测点加速度-频率曲线（1.2g）

以上结果表明，在低频范围（低于 423Hz）内，薄壁圆筒装置的不同测点出现了明显的幅值缩小现象。随着频率的增大，幅值缩小现象逐渐消失。薄壁圆筒组合结构的前三阶固有频率分别为 255Hz、430Hz 和 671Hz。基于上述正弦扫频实验结果，考虑选择 80Hz、160Hz、300Hz、435Hz、580Hz 和 745Hz 频率点开展定频激励实验。其中 80Hz 和 160Hz 低于一阶频率，且存在幅值缩小现象；300Hz 高于一阶频率，且存在幅值缩小现象；435Hz 略高于二阶频率；580Hz 位于二阶、三阶频率之间；745Hz 高于三阶频率。

6.3.2 定频激励实验

考虑在频率点 80Hz、160Hz、300Hz、435Hz、580Hz 和 745Hz 开展定频激励实验，激励量级为 $1.2g$。首先进行预加载，加载、测试无报错后开始施加定频激励。待薄壁圆筒组合结构响应稳定后，开始采集数据。采集数据历时 24s，每个通道所采集的数据点约 13 万个。

激励频率为 80Hz 情况下的实验结果如图 6.8 所示。图 6.8(a) 为控制点处的加速度。各测点处的加速度如图 6.8(b)~(f) 所示。各控制点加速度均与输入定频激励符合较好。各测点 z 方向的加速度幅值最大，而 x、y 方向的加速度幅值均较小。图 6.8(b) 显示，薄壁圆筒各测点 z 方向的加速度均符合较好，且幅值与测点幅值、输入激励幅值是一致的，约为 11.8m/s^2（$1.2g$）。图 6.8(c)~(f) 显示，测点 8、10 在 x、y 方向的加速度幅值较小，而测点 2、4 在 x、y 方向的加速度幅值最小。

激励频率为 160Hz 情况下的实验结果如图 6.9 所示。图 6.9(a) 为薄壁圆筒组合结构底部圆盘上 4 个控制点处的加速度。薄壁圆筒各测点处的加速度如图 6.9(b)~(f) 所示。各控制点加速度均与输入定频激励符合较好。各测点 z 方向的加速度幅值最大，而 x、y 方向的加速度幅值均较小。图 6.9(b) 显示，

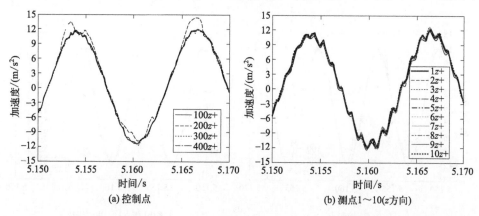

图 6.8

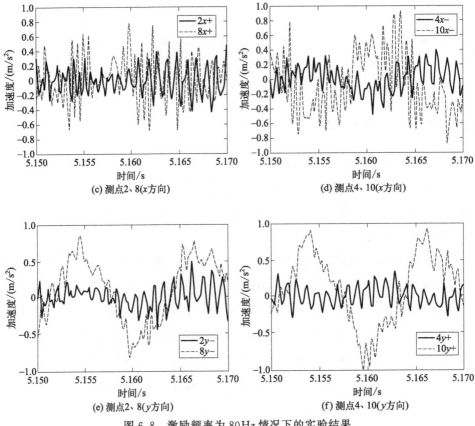

图 6.8 激励频率为 80Hz 情况下的实验结果

薄壁圆筒各测点 z 方向的加速度均符合较好，且幅值与测点幅值、输入激励幅值是一致的，约为 11.8m/s^2（$1.2g$）。图 6.9(c)～(f) 显示，测点 8、10 在 x、y 方向的加速度幅值较小，而测点 2、4 在 x、y 方向的加速度幅值最小。

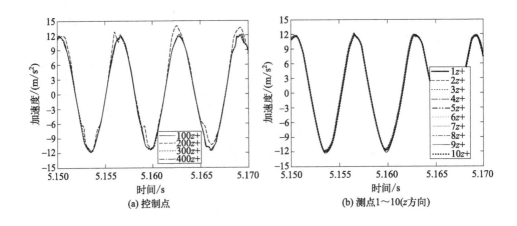

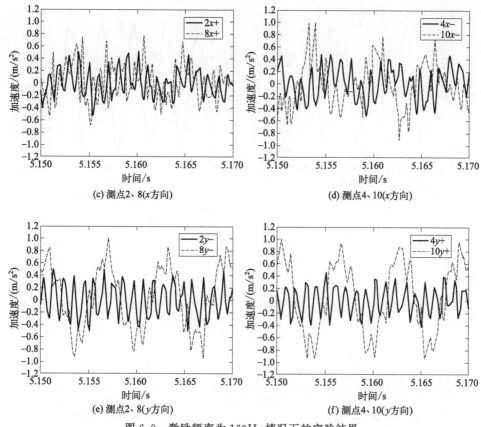

图 6.9 激励频率为 160Hz 情况下的实验结果

激励频率为 300Hz 情况下的实验结果如图 6.10 所示。图 6.10(a) 为薄壁圆筒组合结构底部圆盘上 4 个控制点处的加速度。薄壁圆筒各测点处的加速度如图 6.10(b)～(f) 所示。各控制点加速度均与输入定频激励符合较好。各测点 z 方向的加速度幅值最大，而 x、y 方向的加速度幅值均较小。图 6.10(b) 显示，薄壁圆筒各测点 z 方向的加速度均符合较好，幅值约为 13.1m/s^2，与测点幅值、输入激励幅值（11.8m/s^2）相比较高。图 6.10(c)～(f) 显示，测点 8、10 在 x、y 方向的加速度幅值较小，而测点 2、4 在 x、y 方向的加速度幅值最小。

激励频率为 435Hz 情况下的实验结果如图 6.11 所示。图 6.11(a) 为薄壁圆筒组合结构底部圆盘上 4 个控制点处的加速度。薄壁圆筒各测点处的加速度如图 6.11(b)～(f) 所示。各控制点加速度均与输入定频激励幅值相比出现了微小偏差，其中编号 100 的控制点加速度幅值最大，为 13.1m/s^2。编号 200 的控制点加速度幅值为 12.3m/s^2，编号 300 和编号 400 的控制点加速度幅值为 11.2m/s^2。四个控制点加速度幅值平均为 11.95m/s^2。各测点 z 方向的加速度

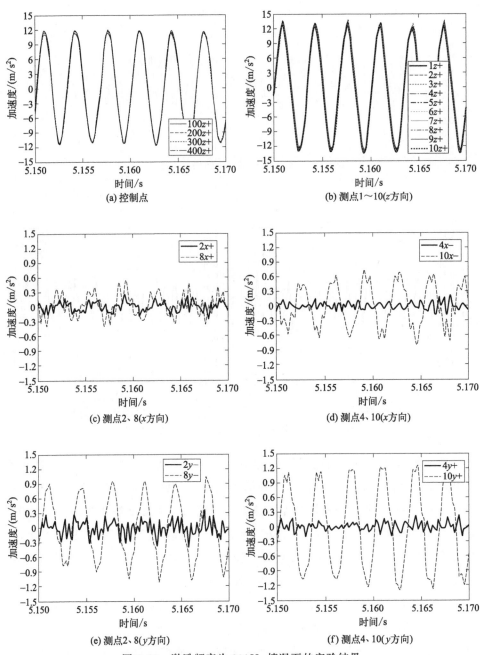

图 6.10 激励频率为 300Hz 情况下的实验结果

幅值最大，而 x、y 方向的加速度幅值均较小。图 6.11(b) 显示，薄壁圆筒各测点 z 方向的加速度幅值范围为 $14.3\sim17.4\text{m/s}^2$，与输入激励幅值（11.8m/s^2）相比较高。其中 $10z$ 幅值最大，$1z$ 幅值最小。图 6.11(c)~(f) 显示，测点 8、

10 在 x、y 方向的加速度幅值较小,而测点 2、4 在 x、y 方向的加速度幅值最小。本组实验结果与 80Hz、160Hz、300Hz 的实验结果相比,各测点在 x、y 方向的响应逐渐增强。

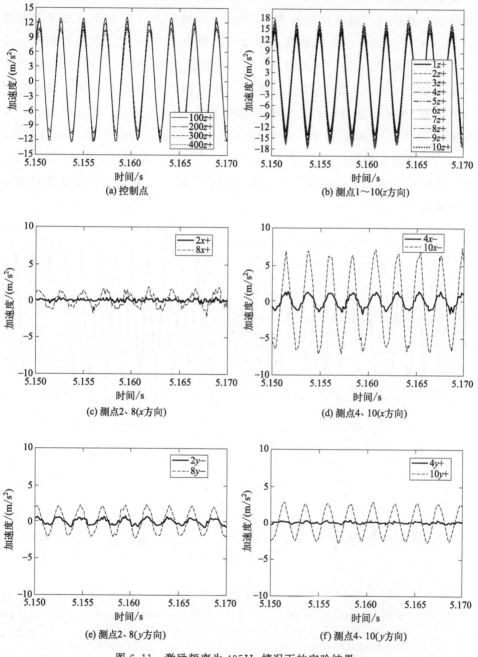

图 6.11　激励频率为 435Hz 情况下的实验结果

激励频率为 580Hz 情况下的实验结果如图 6.12 所示。图 6.12(a) 为薄壁圆筒组合结构底部圆盘上 4 个控制点处的加速度。薄壁圆筒各测点处的加速度如图 6.12(b)～(f) 所示。各控制点加速度均与输入定频激励幅值相比出现了微小偏差，其中编号 200 的控制点加速度幅值最大，为 $12.2\mathrm{m/s^2}$。编号 300 的控制点加速度幅值为 $11.9\mathrm{m/s^2}$，编号 300 的控制点加速度幅值为 $11.8\mathrm{m/s^2}$，编号 100 的控制点加速度幅值为 $11.7\mathrm{m/s^2}$。四个控制点加速度幅值平均为 $11.9\mathrm{m/s^2}$。各测点 z 方向的加速度幅值最大，而 x、y 方向的加速度幅值均较小。图 6.12(b) 显示，薄壁圆筒各测点 z 方向的加速度幅值范围为 $19.6\sim23.3\mathrm{m/s^2}$，与输入激励幅值（$11.8\mathrm{m/s^2}$）相比较高。其中 $9z$ 幅值最大，$1z$ 幅值最小。图 6.12(c)～(f) 显示，测点 2、4、8、10 在 x 方向的加速度幅值均较小。测点 2、4、8、10 在 y 方向的加速度波形较好，与前几组频率较低实验结果相比，薄壁圆筒各测点在 y 方向的加速度幅值无明显放大。

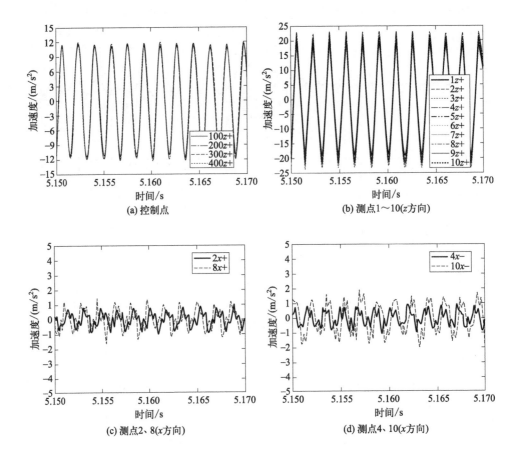

(a) 控制点

(b) 测点1～10(z方向)

(c) 测点2、8(x方向)

(d) 测点4、10(x方向)

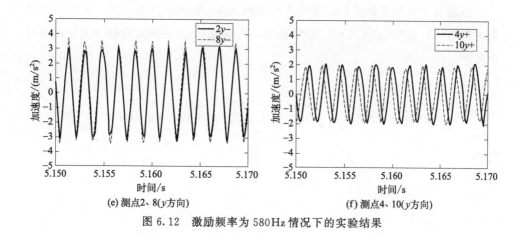

图 6.12　激励频率为 580 Hz 情况下的实验结果

6.4　薄壁圆筒有限元数值模拟

根据实验所采用薄壁圆筒组合结构的几何尺寸和材料属性，在 ANSYS 中建立如图 6.13 所示的薄壁圆筒组合结构有限元模型。材料本构模型为线弹性本构模型，材料参数为弹性模量 $E=200$ GPa，泊松比 $\nu=0.3$，密度 $\rho=7850$ kg/m³。模型采用六面体网格进行划分，所选单元为 SOLID45 号单元。模型单元规模为 52860 个。

薄壁圆筒组合结构实验中，单螺栓连接件几何尺寸与第 5 章振动实验中单螺栓试件一致，且表面粗糙度 R_a 为 3.2，螺栓预紧力矩为 24 N·m。根据 4.2 节的参数辨识方法和 5.5.1 小节所开展的单螺栓连接结构 BMD 振动实验结果，开展六参数 Iwan 模型参数辨识。参数辨识结果如表 6.1 所示。

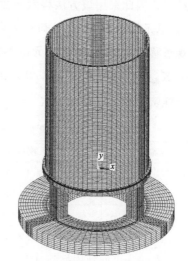

图 6.13　薄壁圆筒组合结构有限元模型

表 6.1　参数辨识结果

φ_1/m	φ_2/m	K_2/(N/m)	K_∞/(N/m)	R/(N/m$^{2+\alpha}$)	α
0	6.20×10^{-4}	6.13×10^6	5.40×10^5	9.42×10^7	-0.30

将表 6.1 中的参数辨识结果代入六参数 Iwan 模型解析表达式，并与实验结果进行对比，如图 6.14 所示。结果表明，六参数 Iwan 模型解析解与实验结果符合较好。

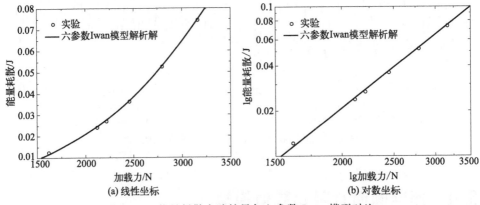

图 6.14　能量耗散实验结果与六参数 Iwan 模型对比

第 4 章研究结果表明，基于刚度的几何级数离散化方法可以得到精度较高的计算结果。因此采用该方法将六参数 Iwan 模型离散化。设描述微观滑移阶段的 Jenkins 单元数量 $n=16$，几何级数公比 $q=1.1$，采用 4.3.4 小节的方法得到描述微观滑移阶段的 Jenkins 单元的参数，如表 6.2 所示。第 17 个 Jenkins 单元的刚度为 $K_2=6.13\times10^6\text{N/m}$，单元屈服力为 $K_2\varphi_2=3800.60\text{N}$。第 18 个 Jenkins 单元为弹簧单元，其刚度为 $K_\infty=5.40\times10^5\text{N/m}$。

表 6.2　各 Jenkins 单元参数

单元编号	单元刚度/(N/m)	单元屈服力/N
1	2.13×10^4	0.04
2	2.34×10^4	0.17
3	2.57×10^4	0.40
4	2.83×10^4	0.76
5	3.12×10^4	1.29
6	3.43×10^4	2.02
7	3.77×10^4	3.04
8	4.15×10^4	4.42
9	4.56×10^4	6.27
10	5.02×10^4	8.74
11	5.52×10^4	11.99
12	6.07×10^4	16.26

续表

单元编号	单元刚度/(N/m)	单元屈服力/N
13	6.68×10^4	21.84
14	7.35×10^4	29.10
15	8.08×10^4	38.50
16	8.89×10^4	50.65
17	6.13×10^6	3800.60
18	5.40×10^5	—

采用 ANSYS 内置的 COMBIN40 号单元来模拟编号为 1～17 的 Jenkins 单元。定义 COMBIN40 号单元所需的参数见表 6.2。编号为 18 的 Jenkins 单元为一个线性弹簧单元，可采用 ANSYS 内置的 COMBIN14 号单元实现。

采用离散 Iwan 模型来表示薄壁圆筒组合结构中的螺栓连接件。首先采用 CERIG 指令将基础上的三个单螺栓接触面定义为刚性区域，分别将编号为 7543、6223 和 6883 的节点定义为三个刚性区域的主节点（master node）。同样采用 CETIG 指令将圆筒上的三个单螺栓接触面定义为刚性区域，三个连接件刚性区域的主节点为 67580、68570 和 67910。于是得到三个单螺栓连接件的主节点对，分别为 7534 与 67580、6223 与 68570、6883 与 67910。将三个主节点对的自由度约束在 z 方向。通过 COMBIN40 和 COMBIN14 号单元将表 6.2 中离散 Iwan 模型的各个 Jenkins 单元分别定义在节点 7534 与 67580、节点 6223 与 68570 以及节点 6883 与 67910 之间，如图 6.15 所示。

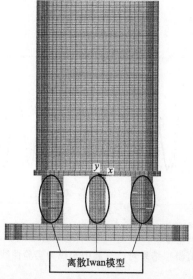

图 6.15 含离散 Iwan 模型的薄壁圆筒组合结构有限元模型

对含离散 Iwan 模型的薄壁圆筒组合结构有限元模型开展定频激励加载。加载频率分别为 80Hz、160Hz、300Hz、435Hz、580Hz 和 745Hz，加载量级为 1.2g，加载时间为 10s。将数值模拟结果与实验结果进行对比，结果如图 6.16 所示。其中测点 10z 的实验结果与计算结果对比如表 6.3 所示。

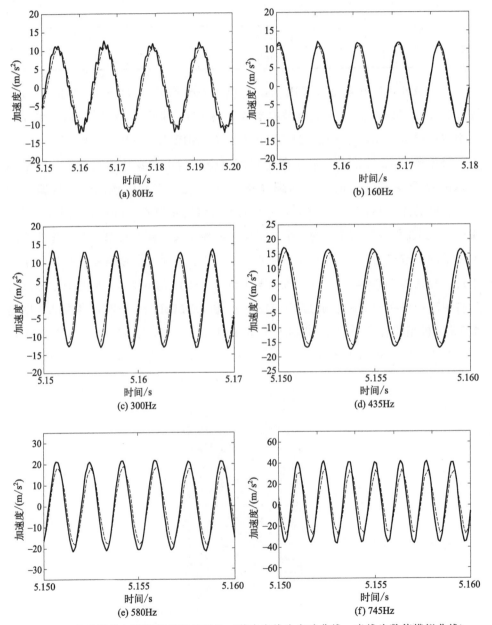

图 6.16 实验结果与数值模拟结果对比（其中实线为实验曲线，虚线为数值模拟曲线）

表 6.3　测点 10z 的实验结果与计算结果对比

激励频率/Hz	实验/(m/s²)	计算/(m/s²)	误差/%
80	12.01	10.89	9.33
160	11.99	11.03	8.01
300	13.62	12.31	9.62
435	17.39	16.02	8.55
580	21.69	18.92	12.77
745	41.85	33.09	20.93

计算结果表明，当激励频率较低（80Hz、160Hz、300Hz 和 435Hz）时，薄壁圆筒顶端 4 个测点在 z 方向的加速度-时间关系实验结果与计算结果符合较好。当激励频率为 80Hz 时，测点 10z 的加速度幅值计算结果与实验结果之间的误差为 9.33%，当激励频率为 160Hz 时误差为 8.01%，当激励频率为 300Hz 时误差为 9.62%，当激励频率为 435Hz 时误差为 8.55%。随着激励频率的增大，加速度的幅值逐渐放大，计算结果与实验结果逐渐偏离。当激励频率为 580Hz 时误差为 12.77%。当激励频率为 745Hz 时，计算结果与实验结果之间的误差最大，为 20.93%。

6.5　本章小结

本章设计了含单螺栓连接件的薄壁圆筒组合结构，开展了不同激励量级下的正弦扫频实验和定频激励实验，建立了薄壁圆筒有限元模型，采用离散六参数 Iwan 模型描述螺栓连接件，开展了有限元数值计算。

正弦扫频实验结果表明，随着激励量级的增加，薄壁圆筒组合结构响应中的共振峰出现了向低频方向漂移的现象。这种现象与现有文献中含连接的组合工程结构的实验现象是一致的。由于连接接触的存在，随着激励量级的增加，整体结构呈现刚度软化现象。薄壁圆筒组合结构的前三阶固有频率分别为 255Hz、430Hz 和 671Hz。

定频激励实验结果表明，当激励频率为 80Hz 时，各测点 z 方向的加速度曲线基本重合，曲线波形较差。x、y 方向的加速度幅值均较小，曲线存在明显噪声。随着激励频率的增大，薄壁圆筒不同测点处的加速度曲线幅值出现了不同程度的放大，其中各测点 z 方向的加速度幅值最大。

根据实验所采用薄壁圆筒组合结构的几何尺寸和材料属性，在 ANSYS 中建立了薄壁圆筒组合结构有限元模型，采用第 5 章所得实验数据和第 4 章所提方法对六参数 Iwan 模型进行参数辨识及离散化。采用离散 Iwan 模型来表示薄壁圆筒组合结构中的螺栓连接部分，开展含离散 Iwan 模型的薄壁圆筒动力学数值计算，并将计算结果与实验结果进行对比。结果显示，当激励频率较低（80 Hz、160 Hz、300 Hz 和 435 Hz）时，薄壁圆筒顶端 4 个测点在 z 方向的加速度-时间关系实验结果与计算结果符合较好。80 Hz、160 Hz、300 Hz 和 435 Hz 频率下的计算误差分别为 9.33%、8.01%、9.62% 和 8.55%。随着激励频率的增大，加速度的幅值逐渐放大，计算结果与实验结果逐渐偏离。激励频率为 580 Hz 时误差为 12.77%，激励频率为 745 Hz 时误差为 20.93%。

参 考 文 献

[1] Barhorst A A. Modeling Loose joints in elastic structures-variable structure motion model development [J]. Journal of Vibration & Control, 2008, 14 (14): 1767-1797.

[2] Hartwigsen C J, Song Y, McFarland D M, et al. Experimental study of non-linear effects in a typical shear lap joint configuration [J]. Journal of Sound and Vibration, 2004, 277 (1): 327-351.

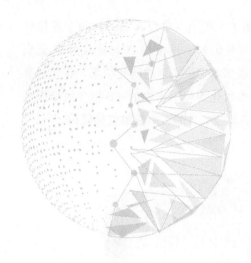

第 7 章

六参数Iwan模型适用性研究

7.1 引言

本书第 2 章在 Goodman 能量耗散模型基础上，引入修正摩擦模型，推导了可以更准确反映能量耗散幂次关系实验结果的理论模型。迟滞回线计算结果显示，平板搭接结构在拉伸阶段和压缩阶段的刚度并不相同。实际工程中存在大量的不对称结构构型，在拉伸、压缩载荷作用下连接刚度并不相同，进而造成不对称的迟滞回线。第 5 章迟滞回线预实验所采用的试件不含夹头，试件与试验机之间由直径为 8mm 的螺杆连接。由于连接刚性较差，迟滞回线呈现不对称特征。

本章在第 2 章和第 5 章工作的基础上，开展针对拉压不对称结构构型的六参数 Iwan 模型应用研究，并进一步对六参数 Iwan 模型适用性进行验证。7.2 节介绍含修正摩擦模型的平板搭接结构有限元数值模拟，基于有限元数值模拟结果开展六参数 Iwan 模型的参数辨识和离散化数值计算，并将离散化计算结果与有限元数值模拟结果进行对比；7.3 节采用六参数 Iwan 模型对微观滑移和宏观滑移情况下的螺栓连接结构实验结果进行表征。

7.2 修正摩擦模型数值计算结果表征

7.2.1 修正摩擦模型有限元数值计算

建立平板搭接结构的有限元模型，平板搭接由 z 方向厚度为 3.0cm 的 A 和

B两个连接件组成，其模型和几何尺寸如图7.1所示（单位为cm）。两个连接件均为钢制（$E=210\text{GPa}$，$\rho=7850\text{kg/m}^3$，$\nu=0.3$）。连接件A与连接件B受到$N=5300\text{N}$的法向约束力作用紧压在一起。根据本书第2章的研究结果，将接触界面模型设置为修正摩擦模型，通过ANSYS参数化编程语言中的TB指令对摩擦系数分布进行定义，取$\delta=-0.15$。A的左侧面固支，B的右侧施加位移载荷。

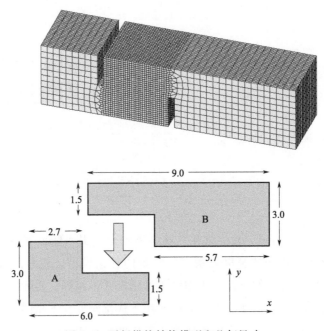

图7.1 平板搭接结构模型和几何尺寸

在连接件B的右侧分别施加$2\times10^{-5}\text{m}$和$-2\times10^{-5}\text{m}$的单调位移载荷，得到连接件B右侧截面的作用反力，由此得到平板搭接结构在单调位移载荷作用下的力-位移关系曲线。平板搭接结构接触界面在法向约束力作用下产生阻碍切向运动的摩擦力。A和B两个连接件在摩擦力作用下发生弯曲变形，如图7.2所示。在拉伸加载过程中，接触面左右边缘位置发生分离；在压缩加载过程中，接触面左右边缘位置发生挤压。这种拉压不对称的弯曲变形造成拉压刚度不相等，进而造成拉压不对称的力-位移曲线。

对单调压缩情况下的力-位移关系取绝对值，与单调拉伸情况下的力-位移关系进行对比，如图7.3(a)所示。对力-位移关系求导得到刚度-位移关系，如图7.3(b)所示。单调压缩加载过程中的力-位移曲线与单调拉伸加载过程中的力-位移曲线相比更加"陡峭"；在发生宏观滑移之前，单调压缩加载过程中接触界面的刚度较大，单调拉伸加载过程中接触界面的刚度较小。

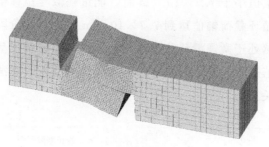

(a) 单调拉伸

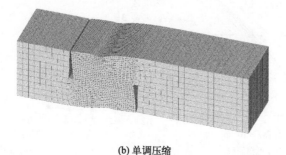

(b) 单调压缩

图 7.2　平板搭接结构变形示意

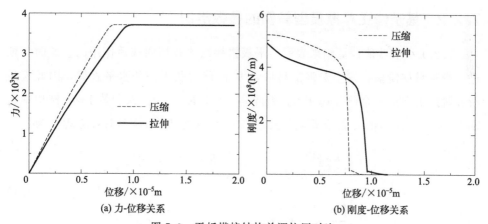

(a) 力-位移关系　　(b) 刚度-位移关系

图 7.3　平板搭接结构单调拉压对比

在连接件 B 的右侧施加不同大小的位移循环载荷（$2\times10^{-6}\sim11\times10^{-6}$ m 共 17 组算例），得到连接件 B 右侧截面的作用反力与位移幅值之间的关系，进而得到封闭迟滞回线。迟滞回线如图 7.4(a) 所示（分别为 5×10^{-6} m、7.7×10^{-6} m、9.2×10^{-6} m 和 10.5×10^{-6} m）。由于拉压不对称，平板搭接结构迟滞回线呈现不对称特性。封闭迟滞回线所围成的面积即平板搭接结构的能量耗散。能量耗散与位移幅值之间的关系如图 7.4(b) 所示。由图 7.4(b) 可知，当位移循环载荷幅值小于 7.7×10^{-6} m 时，能量耗散与位移幅值之间呈现非线性关系。当位移循环载荷幅值达到 7.7×10^{-6} m 时，卸载阶段进入宏观滑移状态，加载阶段仍然处于微观滑移状态，能量耗散与位移幅值呈非线性关系。当位移循环载荷幅值达到 9.2×10^{-6} m 时，加载阶段进入宏观滑移，能量耗散与位移幅值呈线性关系。

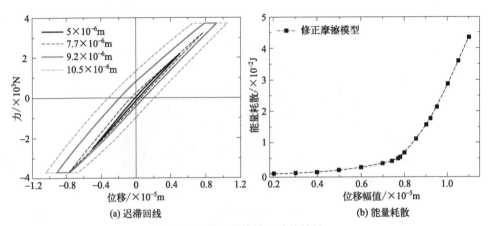

图 7.4　修正摩擦模型计算结果

7.2.2　基于修正摩擦模型算例的参数辨识

7.2.1 小节数值计算结果表明，平板搭接结构在切向载荷作用的初始时刻便进入微观滑移阶段；发生宏观滑移后，力-位移曲线为一条水平直线，因此宏观滑移阶段的切向残余刚度趋于 0。因此 $\varphi_1=0$，$K_\infty=0$。六参数 Iwan 模型中还剩下 R、α、K_2 和 φ_2 需要确定。式(3.19) 六参数 Iwan 模型骨线方程变为

$$F(x)=\begin{cases}\left(\dfrac{R\varphi_2^{\alpha+1}}{\alpha+1}+K_2\right)x-\dfrac{Rx^{\alpha+2}}{(\alpha+1)(\alpha+2)} & 0\leqslant x<\varphi_2 \\ \dfrac{R\varphi_2^{\alpha+2}}{\alpha+2}+K_2\varphi_2 & x>\varphi_2\end{cases} \quad (7.1)$$

将数值计算得到的力-位移关系对位移求二阶导数，于是得到单调拉伸和单调压缩情况下的密度函数 $\rho(\varphi)$，如图 7.5 所示。图 7.5 中峰值点为宏观滑移的起始点。在 $\rho(\varphi)$-φ 平面中，峰值点的横坐标对应了宏观滑移时刻的位移，因此可确定单调拉伸和单调压缩情况下的 φ_2 值。在刚度-位移平面中，根据 φ_2 值所对应的纵坐标可确定宏观滑移时刻的刚度变化量 K_2。六参数 Iwan 模型中还剩下 R 和 α 需要确定。

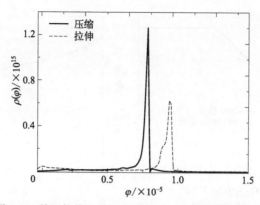

图 7.5 单调拉伸和单调压缩情况下的密度函数 $\rho(\varphi)$

将式(7.1)对位移 x 求导,得到六参数 Iwan 模型刚度方程。

$$K(x) = \begin{cases} \dfrac{R(\varphi_2^{\alpha+1}-x^{\alpha+1})}{\alpha+1}+K_2 & 0 \leqslant x < \varphi_2 \\ 0 & x \geqslant \varphi_2 \end{cases} \quad (7.2)$$

发生宏观滑移时的外力 F_S 可根据图 7.3(a)得到,初始时刻的刚度 $K(0)$ 可根据图 7.3(b)得到。由式(7.1)和式(7.2)建立方程组如下。

$$\begin{cases} \dfrac{R\varphi_2^{\alpha+2}}{\alpha+2}+K_2\varphi_2 = F_S \\ \dfrac{R\varphi_2^{\alpha+1}}{\alpha+1}+K_2 = K(0) \end{cases} \quad (7.3)$$

式(7.3)中 K_2、φ_2、F_S 和 $K(0)$ 已知,未知量为 R 和 α。求解式(7.3)后,密度函数中的所有参数均已得到,单调拉伸和单调压缩情况下的模型参数如表 7.1 所示,根据以上参数可确定六参数 Iwan 模型的解析表达式。

表 7.1 单调拉伸和单调压缩情况参数辨识结果

项目	φ_1/m	φ_2/m	K_2/(N/m)	K_∞/(N/m)	R/(N/m$^{2+\alpha}$)	α
单调拉伸	0	9.2×10^{-6}	3.5×10^8	0	1.06×10^{11}	-0.39
单调压缩	0	7.7×10^{-6}	4.1×10^8	0	8.49×10^{17}	0.88

单调拉伸情况下,六参数 Iwan 模型与采用修正摩擦模型计算得到的力-位移关系、刚度-位移关系,如图 7.6(a)、(b)所示。单调压缩情况下,六参数 Iwan 模型与采用修正摩擦模型计算得到的力位移关系、刚度位移关系,如图 7.6(c)、(d)所示。结果表明,六参数 Iwan 模型与修正摩擦模型数值计算结果符合较好。

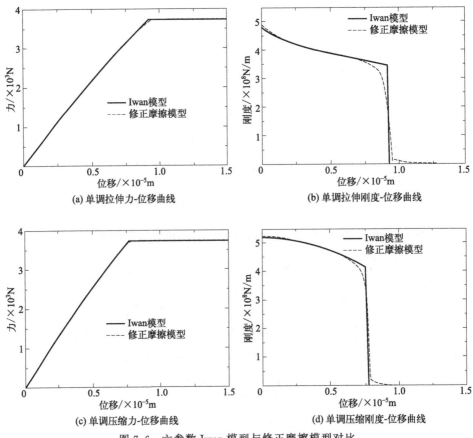

图 7.6 六参数 Iwan 模型与修正摩擦模型对比

7.2.3 基于修正摩擦模型算例的离散化数值计算

将单调拉伸情况下的刚度位移关系按照 4.3.1 小节中的方法进行离散化。单调拉伸情况下初始刚度为 $4.9\times10^8\text{N/m}$，发生宏观滑移前的刚度为 $3.5\times10^8\text{N/m}$。因此考虑建立含有 15 个 Jenkins 单元的离散模型，其中前 14 个 Jenkins 单元的刚度均为 $0.1\times10^8\text{N/m}$，第 15 个 Jenkins 单元的刚度为 $3.5\times10^8\text{N/m}$。单调拉伸情况下各 Jenkins 单元参数见表 7.2。

表 7.2 单调拉伸情况下各 Jenkins 单元参数

单元编号	单元刚度/(N/m)	单元屈服力/N
1	0.1×10^8	1
2	0.1×10^8	3
3	0.1×10^8	5

续表

单元编号	单元刚度/(N/m)	单元屈服力/N
4	0.1×10^8	11
5	0.1×10^8	14
6	0.1×10^8	20
7	0.1×10^8	28
8	0.1×10^8	32
9	0.1×10^8	42
10	0.1×10^8	47
11	0.1×10^8	58
12	0.1×10^8	71
13	0.1×10^8	77
14	0.1×10^8	83
15	3.5×10^8	3218

与修正摩擦模型能量耗散算例相对应,分别进行了17组不同位移幅值的离散 Iwan 模型数值算例。将能量耗散计算结果与修正摩擦模型计算结果进行对比。两组计算结果存在较大的误差,结果对比如图7.7所示。

将单调拉伸和压缩情况下的刚度位移关系按照4.3.1小节中的方法进行离散化。单调拉伸情况下初始刚度为5.2×10^8N/m,发生宏观滑移前的刚度为4.1×10^8N/m。因此考虑建立含有12个Jenkins单元的离散模型,其中前11个Jenkins单元的刚度均为0.1×10^8N/m,第12个Jenkins单元的刚度为4.1×10^8N/m。单调压缩情况下各Jenkins单元参数见表7.3。

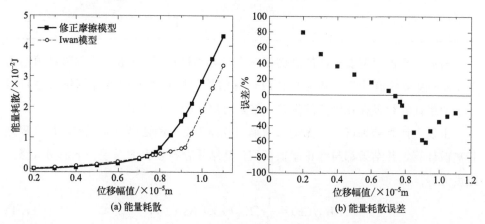

(a) 能量耗散   (b) 能量耗散误差

图 7.7

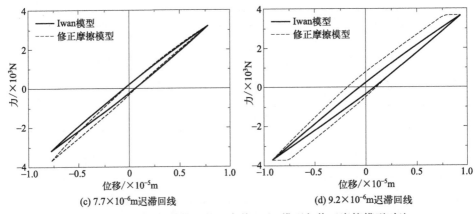

图 7.7 基于单调拉伸情况的六参数 Iwan 模型与修正摩擦模型对比

表 7.3 单调压缩情况下各 Jenkins 单元参数

单元编号	单元刚度/(N/m)	单元屈服力/N
1	0.1×10^8	10
2	0.1×10^8	27
3	0.1×10^8	32
4	0.1×10^8	45
5	0.1×10^8	51
6	0.1×10^8	52
7	0.1×10^8	62
8	0.1×10^8	57
9	0.1×10^8	64
10	0.1×10^8	71
11	0.1×10^8	79
12	4.1×10^8	3160

与修正摩擦模型能量耗散算例相对应,分别进行了 17 组不同位移幅值的离散 Iwan 模型数值计算。将能量耗散计算结果与修正摩擦模型计算结果进行对比。两组计算结果存在较大的误差,结果对比如图 7.8 所示。

由以上计算结果可知,无论采用单调拉伸刚度方程还是单调压缩刚度方程进行离散计算,其结果都与修正摩擦模型计算结果存在较大的误差。下面引入修正刚度方程。

$$K_M(x) = \frac{1}{2}[K_T(x) + K_C(x)] \tag{7.4}$$

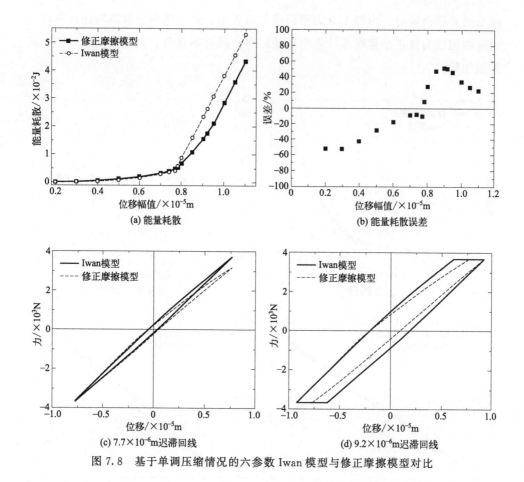

图 7.8 基于单调压缩情况的六参数 Iwan 模型与修正摩擦模型对比

将式(7.4)按照 4.3.1 小节中的方法离散化。与修正摩擦模型能量耗散算例相对应,分别进行了 17 组不同位移幅值的离散 Iwan 模型数值计算。将能量耗散计算结果与修正摩擦模型计算结果进行对比,如图 7.9 所示。结果表明,修正刚度方程离散化计算得到的结果与修正摩擦模型计算结果符合较好。位移幅值分别为 5×10^{-6}m、7.7×10^{-6}m、9.2×10^{-6}m 和 10.5×10^{-6}m 的迟滞回线对比如图 7.9(c)~(f) 所示。

通过单调拉伸、单调压缩刚度方程建立修正刚度方程,根据第 4 章提出的方法进行模型离散化。对于拉压不对称连接结构能量耗散的数值计算,本书提供了一种方法:首先通过修正摩擦模型计算得到单调拉伸和单调压缩情况下的力位移关系,对六参数 Iwan 模型进行参数辨识,进而获得单调拉伸和单调压缩情况下六参数 Iwan 模型刚度方程。然后通过两个刚度方程建立修正刚度方程,将其离散化应用于数值计算。计算结果表明,采用修正刚度方程的计算结果与修正摩擦模型结果符合较好。由图 7.9 迟滞回线可以看出，修正刚度方程离散化计算得到的迟滞回线与修正摩擦模型计算得到的迟滞回线并不重合，但迟滞回线封闭面积近似相等。

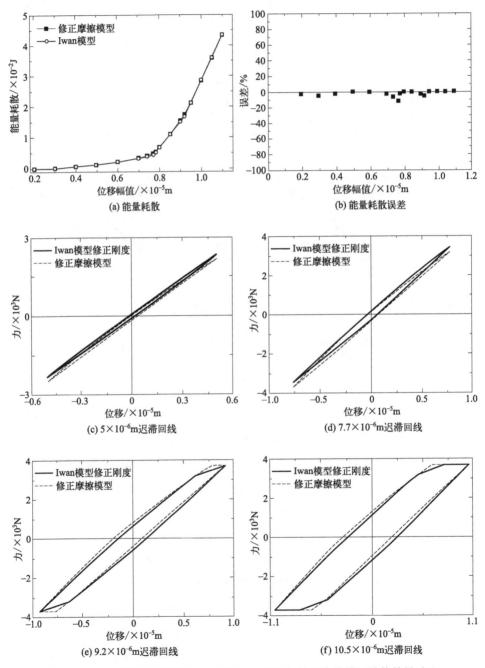

图 7.9 基于单调压缩情况的六参数 Iwan 模型与修正摩擦模型计算结果对比

7.3 连接结构实验研究结果表征

7.3.1 微观滑移情况的参数辨识

根据 4.2 节的参数辨识方法和第 5 章所开展的螺栓连接结构实验结果，开展六参数 Iwan 模型参数辨识。参数辨识结果如表 7.4 所示。表中 1B、2B 和 3B 分别表示单螺栓、双螺栓和三螺栓。S 和 P 分别表示串联型（series）和并联型（parallel）。光滑（smooth）、中等（medium）、粗糙（rough）三种不同的表面粗糙度 R_a 分别为 0.64~0.91、1.1~1.4 和 2.6~2.9。各组参数辨识结果中 φ_1 均为 0。将表 7.4 中的参数代入六参数 Iwan 模型能量耗散解析表达式，将能量耗散解析解与实验结果进行对比，如图 7.10 所示。

表 7.4 基于螺栓连接结构实验结果的参数辨识

预紧力×螺栓排布	粗糙度	φ_2/m	K_2/(N/m)	K_∞/(N/m)	R/(N/m$^{2+\alpha}$)	α
10N·m×1B	中等	2.03×10^{-3}	2.02×10^{6}	1.45×10^{4}	1.65×10^{8}	0
18N·m×1B	中等	2.97×10^{-3}	1.45×10^{6}	1.07×10^{4}	3.97×10^{7}	0
24N·m×1B	光滑	7.01×10^{-4}	2.91×10^{6}	1.97×10^{4}	3.16×10^{8}	-0.05
24N·m×1B	中等	2.02×10^{-3}	1.58×10^{6}	2.13×10^{4}	5.54×10^{6}	-0.27
24N·m×1B	粗糙	9.62×10^{-4}	4.63×10^{6}	1.01×10^{4}	4.89×10^{6}	-0.51
24N·m×2B-S	粗糙	1.98×10^{-3}	2.17×10^{6}	0.98×10^{4}	2.63×10^{6}	-0.38
24N·m×2B-P	粗糙	2.99×10^{-3}	1.78×10^{6}	1.05×10^{4}	2.34×10^{6}	-0.30
24N·m×3B-S	粗糙	2.98×10^{-3}	2.05×10^{6}	1.12×10^{4}	2.33×10^{7}	-0.13
24N·m×3B-P	粗糙	2.74×10^{-3}	2.25×10^{6}	0.89×10^{4}	4.11×10^{5}	-0.70

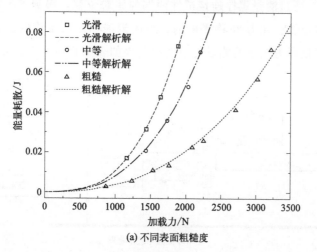

(a) 不同表面粗糙度

图 7.10

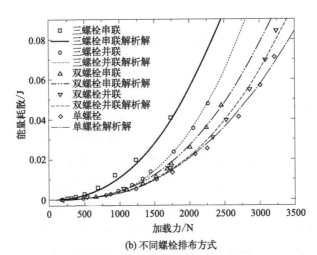

(b) 不同螺栓排布方式

图 7.10　六参数 Iwan 模型能量耗散解析解与实验结果对比

参数辨识结果显示，不同工况下描述幂律分布的参数 α 范围为 $-0.7 \sim 0$。宏观滑移初始时刻的刚度变化量 K_2 的范围为 $1.45 \times 10^6 \sim 4.63 \times 10^6 \text{N/m}$，宏观滑移阶段的接触界面残余刚度 K_∞ 的范围为 $0.89 \times 10^4 \sim 2.13 \times 10^4 \text{N/m}$。结果表明，不同工况的辨识结果与实验结果均符合较好，六参数 Iwan 模型可以很好地描述微观滑移情况下的连接结构实验现象。

7.3.2　宏观滑移情况的参数辨识

Eritien 开展了螺栓连接结构准静态实验（图 7.11），讨论了宏观滑移情况下螺栓连接结构能量耗散特性。实验分别考虑了两种螺栓预紧力矩（0.305N·m 和 0.418N·m），通过测量螺栓连接试件两端的相对位移，得到了不同加载力幅值情况下的迟滞回线。在力-位移平面内，封闭迟滞回线所围成的面积即为能量耗散。两种不同预紧力矩下的能量耗散实验结果如表 7.5 和表 7.6 所示。

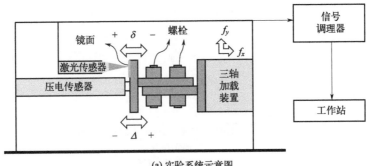

(a) 实验系统示意图

(b) 实验试件

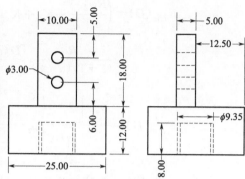
(c) 试件尺寸(单位：mm)

图 7.11 螺栓连接结构宏观滑移准静态实验

表 7.5 能量耗散实验结果（预紧力矩为 0.305N·m）

加载力/N	能量耗散/J
71	4.95×10^{-5}
121	4.86×10^{-4}
126	1.07×10^{-3}
129	1.65×10^{-3}
134	2.23×10^{-3}
140	3.08×10^{-3}
146	3.88×10^{-3}
151	4.46×10^{-3}

表 7.6 能量耗散实验结果（预紧力矩为 0.418N·m）

加载力/N	能量耗散/J
75	5.72×10^{-5}
146	4.12×10^{-4}
166	1.12×10^{-3}
170	2.13×10^{-3}
181	3.09×10^{-3}
194	3.99×10^{-3}
207	5.03×10^{-3}
218	6.06×10^{-3}

根据第 4 章的推导，六参数 Iwan 模型微、宏观滑移情况下能量耗散 D 与加载力幅值 F 之间的解析关系为

$$F_{\text{mic}}(D) = \left(\frac{R\varphi_2^{\alpha+1}}{\alpha+1} + K_2 + K_\infty\right)\left[\frac{D(\alpha+2)(\alpha+3)}{4R}\right]^{\frac{1}{\alpha+3}} -$$

$$\frac{R}{(\alpha+1)(\alpha+2)}\left[\frac{D(\alpha+2)(\alpha+3)}{4R}\right]^{\frac{\alpha+2}{\alpha+3}} \tag{7.5}$$

$$F_{\text{mac}}(D) = \frac{K_\infty\left[D + 4\left(\frac{R\varphi_2^{\alpha+3}}{\alpha+3} + K_2\varphi_2^2\right)\right]}{4\left(\frac{R\varphi_2^{\alpha+2}}{\alpha+2} + K_2\varphi_2\right)} + \frac{R\varphi_2^{\alpha+2}}{\alpha+2} + K_2\varphi_2 \tag{7.6}$$

将表 7.5 和表 7.6 中的实验数据分别代入式(7.5)及式(7.6),可得以下非线性方程组。

$$\begin{cases} F_i = F_{\text{mic}}(D_i) \\ F_j = F_{\text{mac}}(D_j) \end{cases} \tag{7.7}$$

采用 4.2 节介绍的方法对式(7.7)进行求解,得到参数辨识结果,如表 7.7 所示。

表 7.7 螺栓连接结构宏观滑移实验结果的参数辨识

预紧力/(N·m)	φ_1/m	φ_2/m	K_2/(N/m)	K_∞/(N/m)	R/(N/m$^{2+\alpha}$)	α
0.305	0	5×10^{-7}	1.84×10^4	7.64×10^6	5.09×10^{14}	-0.04
0.418	0	5×10^{-7}	1.09×10^3	7.27×10^6	9.54×10^{14}	-0.01

将表 7.7 中的参数代入六参数 Iwan 模型解析表达式,与表 7.5 和表 7.6 中的实验结果对比,如图 7.12 所示。图中 o→a、o→c 段为微观滑移阶段,a→b、c→d 段为宏观滑移阶段。由图 7.12 可知,在微、宏观滑移阶段,六参数 Iwan 模型解析解与实验结果均符合较好,宏观滑移阶段能量耗散与加载力幅值呈线性关系,预紧力矩较小的情况下能量耗散较大。六参数 Iwan 模型宏观滑移力 F_S 为

$$F_S = \frac{R\varphi_2^{\alpha+2}}{\alpha+2} + K_2\varphi_2 + K_\infty\varphi_2 \tag{7.8}$$

将表 7.7 中的参数代入式(7.8)计算得到预紧力矩为 0.305N·m 情况下宏观滑移力为 118N,预紧力矩为 0.418N·m 情况下宏观滑移力为 142N。这与文献的实验现象相符,即预紧力矩较小则宏观滑移力也较小。Eriten 分别给出了 0.305N·m 和 0.418N·m 情况下的迟滞回线与六参数 Iwan 模型迟滞回线的对比,如图 7.13 所示。六参数 Iwan 模型迟滞回线与实验结果吻合较好,迟滞回线所围成的封闭区域的面积近似相等。力-位移平面中,该封闭区域的面积即为能

量耗散，表明六参数 Iwan 模型能够较准确描述宏观滑移阶段螺栓连接结构能量耗散特性。

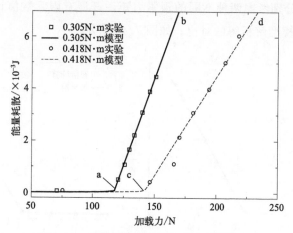

图 7.12 能量耗散解析解与实验结果对比

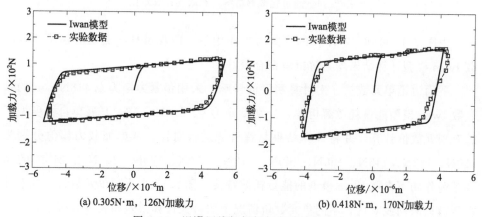

图 7.13 迟滞回线解析解与实验结果对比

7.3.3 基于连接结构实验的离散化数值计算

首先将模型离散为含有 $n+2$ 个 Jenkins 单元的离散 Iwan 模型。采用第 4 章提出的离散化方法，设 $n=16$，得到每一个 Jenkins 单元的刚度 k_i 为

$$k_i = k_0 = \frac{R\varphi_2^{\alpha+1}}{16(\alpha+1)} \quad 1 \leqslant i \leqslant 16 \qquad (7.9)$$

每一个 Jenkins 单元的屈服力 f_i 为

$$f_i = \frac{R\varphi_2^{\alpha+2}}{32(\alpha+1)} \left[\left(\frac{i-1}{16}\right)^{\frac{1}{\alpha+1}} + \left(\frac{i}{16}\right)^{\frac{1}{\alpha+1}} \right] \quad 1 \leqslant i \leqslant 16 \qquad (7.10)$$

于是得到刚度、屈服力分别为 k_i 和 f_i 的 16 个 Jenkins 单元。

在 ANSYS 中建立一个单自由度模型，采用 COMBIN40 号单元来模拟 Jenkins 单元。分别考虑两种不同的预紧力矩，开展有限元数值计算。计算结果与六参数 Iwan 模型解析解的对比，如图 7.14 所示。

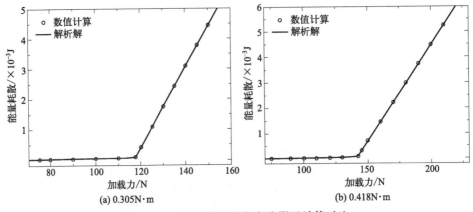

图 7.14 能量耗散解析解与有限元计算对比

由图 7.14 可知，在不同的预紧力矩作用下，微观滑移和宏观滑移阶段的离散 Iwan 模型计算结果均与解析解符合较好。

下面讨论单元数量 n 对计算精度的影响。采用预紧力矩为 $0.418\text{N}\cdot\text{m}$ 的六参数 Iwan 模型能量耗散解析解，分别设 n 为 4、8、12、16，开展单自由度振子的有限元数值计算，并将计算结果与解析解进行对比。考虑加载力幅值分别为 130N、142N、145N、150N、160N、170N、180N、190N、200N 和 210N 的循环载荷作用下离散 Iwan 模型的能量耗散特性。图 7.15 为不同单元数量情况下计算所得迟滞回线对比，不同单元数量情况下的最大计算误差如表 7.8 所示。

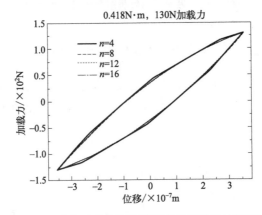

图 7.15 不同单元数量情况下迟滞回线计算结果对比

表 7.8 不同单元数量情况下的最大计算误差

单元数量 n/个	4	8	12	16
最大误差/%	4.9	0.2	0.2	-0.4

由图 7.15 可知,单元数量较少时($n=4$),迟滞回线并不光滑,可看出卸载与反向加载阶段均由 4 段直线拼接而成。其最大计算误差相对大些,为 4.9%。随着单元数量的增加,迟滞回线逐渐趋于光滑。n 为 8、12 和 16 的情况下迟滞回线趋于重合,其最大计算误差均小于 0.5%。当 $n \geqslant 8$ 时,Jenkins 单元数量对宏观滑移不敏感。而 Jenkins 单元数量对微观滑移敏感,4.4 节中的计算结果显示,取 $n=16$ 所得微观滑移阶段的最大计算误差为 10.4%。

基于实验的参数辨识结果表明,六参数 Iwan 模型解析解可以准确描述能量耗散实验结果;离散化数值计算结果表明,离散 Iwan 模型有限元数值计算结果与六参数 Iwan 模型解析解符合较好。六参数 Iwan 模型能够准确描述宏观滑移阶段螺栓连接结构能量耗散特性。

7.4 本章小结

本章在第 2 章和第 5 章工作的基础上开展了六参数 Iwan 模型应用研究,对所提出的六参数 Iwan 模型适用性进行验证。

对于拉压不对称连接结构能量耗散的数值计算,本书提供了一种方法:首先通过修正摩擦模型计算得到单调拉伸和单调压缩情况下的力位移关系,对六参数 Iwan 模型进行参数辨识,进而获得单调拉伸和单调压缩情况下六参数 Iwan 模型刚度方程;然后通过两个刚度方程建立修正刚度方程,将其离散化应用于数值计算。计算结果表明,采用修正刚度方程的计算结果与修正摩擦模型结果符合较好。迟滞回线结果表明,修正刚度方程离散化计算得到的迟滞回线与修正摩擦模型计算得到的迟滞回线并不重合,但迟滞回线封闭面积近似相等。

根据第 5 章所开展的螺栓连接结构实验结果,本章开展了六参数 Iwan 模型参数辨识。结果表明,不同工况的参数辨识结果与实验结果均符合较好,六参数 Iwan 模型可以准确描述微观滑移阶段螺栓连接结构能量耗散特性。

根据 Eriten 螺栓连接结构宏观滑移准静态实验结果,本章对六参数 Iwan 模型开展了参数辨识和离散化数值计算。计算结果显示,六参数 Iwan 模型解析解与螺栓连接结构宏观滑移实验结果符合较好;由于宏观滑移阶段接触界面存在残余刚度,因此螺栓连接结构在宏观滑移阶段的能量耗散-加载力幅值为线性关系;

在微观滑移和宏观滑移阶段，有限元数值计算结果与实验结果均符合较好。Jenkins 单元数量对宏观滑移不敏感，在 $n \geqslant 8$ 的情况下可以得到较高的计算精度。六参数 Iwan 模型能够准确描述宏观滑移阶段螺栓连接结构能量耗散特性。

参 考 文 献

[1] Segalman D J, Gregory D L, Starr M J, et al. Handbook on dynamics of jointed structures [R]. Sandia National Laboratories，2009.

[2] Eriten M, Polycarpou A A, Bergman L A. Effects of surface roughness and lubrication on the early stages of fretting of mechanical lap joints [J]. Wear, 2011, 271 (11)：2928-2939.

[3] 龚曙光，谢桂兰，黄云清. ANSYS 参数化编程与命令手册 [M]. 北京：机械工业出版社，2009.

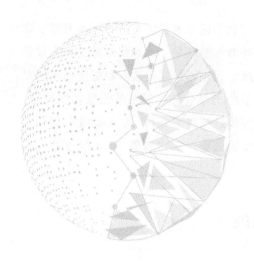

第 8 章

基于BMD动力学实验的接触模型参数辨识

8.1 引言

本章针对工程中常见的螺栓连接形式，基于第 5 章 BMD 动力学实验装置设计了一种振子实验系统，研究不同接触表面粗糙度、不同螺栓排布方式下的连接阻尼能量耗散，并根据能量耗散实验结果对六参数 Iwan 模型进行参数辨识和模型重构。系统讨论了 3 种不同接触表面粗糙度、5 种不同螺栓排布方式对能量耗散的影响。实验结果显示：接触表面越光滑，能量耗散越大；在相同粗糙度等级情况下，螺栓数量越多，能量耗散越大；在螺栓数量相同的情况下，串联排布形式比并联排布形式的能量耗散更大。所设计的振子装置稳定性和准确性均较好。辨识后的 Iwan 模型与重构的迟滞回线符合较好，结果表明，六参数 Iwan 模型能够较好描述连接接触阻尼特性。工程中的复杂组合结构系统是由不同的子结构通过大量的连接件组合而成的。大量研究表明，连接接触界面在外力作用下会产生微、宏观滑移，这些复杂的非线性力学行为造成了非线性连接刚度，引起结构系统非线性阻尼。另外，连接接触界面也是结构系统不确定性的主要来源。由于连接件的接触界面相互紧固，一般无法直接观测连接接触界面上的力学过程，因此关于连接结构力学机理的研究一般通过非直接实验测量整个连接件的响应。

Iwan 模型的参数辨识过程有赖于精确的连接结构实验结果。对于不同材料的连接件，实验研究显示微观滑移阶段的连接结构刚度非线性特性并不显著。因此为了获得更精确的参数辨识结果，一般采用动力学实验方法测量连接阻尼。大质量块装置被证明是一种非常有效的实验测试手段来测量连接阻尼。本书第 5 章简单罗列了不同形式螺栓连接结构的能量耗散实验结果。本章则针对工程中常见的螺栓连接形式，设计了一种振子实验系统，讨论不同接触表面粗糙度、不同螺栓排布方式对阻尼能量耗散的影响。8.2 节给出等效黏性阻尼的能量耗散推导；8.3 节介绍振子实验系统，建立有限元模型并进行模态分析；8.4 节给出详细实验过程和实验结果；8.5 节根据所取得的实验数据，对六参数 Iwan 模型进行参数辨识。

8.2 等效黏性阻尼的能量耗散

以往的准静态实验研究结果显示，连接接触界面生宏观滑移时的相对位移量级一般在 10^{-5} m。如果直接测量力-位移迟滞回线，实验装置和仪器所引起的噪声与误差可能会淹没所关心的实验数据。Segalman 等采取动力学实验方法研究连接接触非线性力学行为，获得了高保真的能量耗散实验结果。受 Segalman 实验装置的启发，本章设计并制备了新的单自由度（single degree of freedom, SDOF）振子装置，其原理如图 8.1 所示。其中 $A_m(t)$ 和 $A_b(t)$ 分别表示振子和基础的加速度-时间关系。这里用等效黏性阻尼 c_{eq} 来代表连接接触界面干摩擦所引起的结构阻尼，k 为连接刚度，c_{eq} 和 k 代表了连接结构的属性。对于单自由度振子系统，等效黏性阻尼的能量耗散 ΔE 可写为封闭相轨迹的积分形式。

$$\Delta E = \oint c_{eq} \dot{x} \, dx \tag{8.1}$$

式中，x 为振子位移。

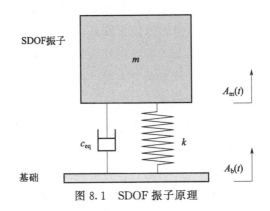

图 8.1 SDOF 振子原理

将式(8.1)改写为对时间 t 的积分形式，进一步得到一个加载周期 T 内的能量耗散。

$$\Delta E = \int_0^T c_{eq} \dot{x} \, dt = \pi c_{eq} \omega Y_m^2 \tag{8.2}$$

式中，Y_m 为振子振幅；ω 为激励角频率。

对于受到支座扰动的单自由度振子，其运动振幅与支座运动振幅之比，或称为传导比 TR，可写为

$$TR = TR(\omega) = \sqrt{\frac{1 + \left(\frac{2\zeta\omega}{\omega_n}\right)^2}{\left(1 - \frac{\omega^2}{\omega_n^2}\right)^2 + \left(\frac{2\zeta\omega}{\omega_n}\right)^2}} \tag{8.3}$$

式中，ω 为激励角频率；ω_n 为系统共振角频率；ζ 为阻尼比。

当激励频率 ω 趋于系统的共振频率 ω_n 时，在 $\zeta \gg 1$ 的情况下，此时传导比 TR 与品质因子 Q 的关系为

$$Q = TR(\omega_n) \approx \frac{1}{2\zeta} \tag{8.4}$$

根据式(8.4)和阻尼比的定义，可将等效黏性阻尼 c_{eq} 写为

$$c_{eq} = 2m\zeta\omega_n = \frac{m\omega_n}{Q} \tag{8.5}$$

因此，得到干摩擦阻尼能量耗散与品质因子之间的关系。又因为品质因子 $Q = A_m/A_b$，则有

$$\Delta E = \frac{\pi m A_m A_b}{\omega_n^2} = \frac{m A_m A_b}{4\pi f^2} \tag{8.6}$$

经过上述推导，能量耗散表达式中所有的物理量均为可直接测量的量。式中，m 为阵子质量；A_m、A_b 分别为振子、基础的加速度幅值；f 为所施加的激励频率。实验过程中，使振动台提供一个共振频率附近的激励频率进行谐波加载，获得单自由度振子和夹具的加速度幅值，再根据单自由度振子的质量，可求得连接接触所引起的能量耗散。

8.3 装置设计与有限元分析

本章所采用的振子装置由 45 号钢加工制备而成，装置底部中心位置设计一个宽 30.5mm、深 2mm 的矩形槽，用于安装螺栓连接结构试件时进行定位。矩形槽上方为一个直径 10mm、深 18mm 的圆孔，圆孔上方为直径 30mm 的贯通槽，可放入 T 形套筒扳手，用于拧紧螺栓，将连接试件与振子装置紧固连接。

大质量块装置示意如图 8.2 所示。

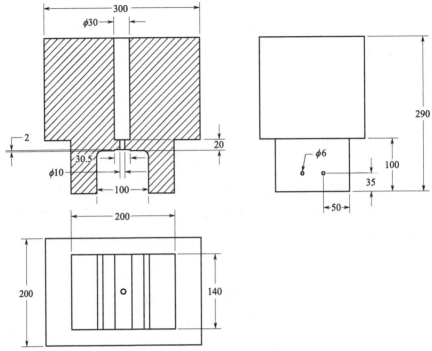

图 8.2　大质量块装置示意（单位：mm）

加工制备振子装置前，首先采用数值模拟的方法对其动力学特性做初步研究。在 Abaqus 软件中，建立振子系统模型。根据钢材的材料属性，有限元计算所采用的材料密度为 $7.85\times10^3\mathrm{kg/m^3}$，弹性模量为 210GPa，泊松比为 0.33。忽略接触非线性，将连接试件接触面简化为绑定约束。试件与振子装置之间也通过绑定约束的方式相连。模型中不考虑螺栓、螺纹、螺母、垫圈的影响，忽略倒角等小尺寸，整体有限元模型的单元规模为 24813。单自由度有限元模型网络如图 8.3 所示。

经过模态分析得到含连接结构的振子系统的各阶频率与振型。这里截取前六阶模态进行分析，如图 8.4 所示。一阶、二阶和三阶模态对应的频率均低于 50Hz。其中一阶模态（18.8Hz）振型为连接件部位在 xz 平面内的弯曲变形，二阶模态（25.8Hz）振型为连接件部位在 xy 平面内的弯曲变形，三阶模态（36.0Hz）振型为连接件在 x 轴方向的扭转变形。四阶（242.8Hz）和五阶（251Hz）模态频率十分接近，振型均为连接件接触界面位置处的剪切变形，这与本章振子动力学实验研究所关心的情况一致。随着频率的进一步增大，六阶模态（442.9Hz）振型更加复杂，体现为连接件部位的高阶变形。通过本节的简化

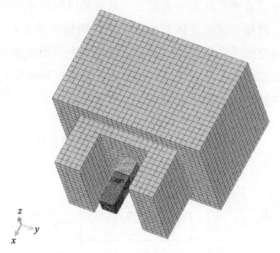

图 8.3 单自由度有限元模型网格

模型有限元模态分析，获取了振子装置粗略的动力学特性，在接下来的动力学实验中，考虑将输入激励的频率控制在 240~250 Hz，以期获得螺栓连接界面的切向相对滑移。

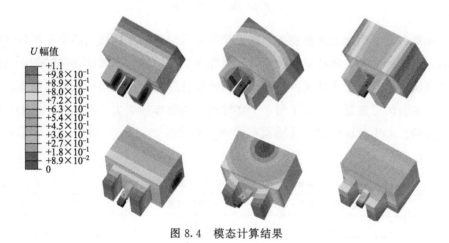

图 8.4 模态计算结果

8.4 实验过程

实验前用酒精清洁螺栓连接结构接触表面。待酒精完全挥发后，首先将螺栓连接试件下件固定在事先设计好的振动台夹具上，随后将带有试件的夹具固定在振动台上。然后，采用 T 形套筒扳手对圆柱形空槽内的螺栓进行预紧，将螺栓连接结构试件上件紧紧固定在振子装置上。随后采用橡胶吊绳和吊车将振子装置吊装至振动台上,调整至螺栓连接试件上、下件的螺孔对齐,安装螺栓、螺母、弹簧垫圈,并用扭力扳手进行预紧。实验共使用 3 个单轴加速度传感器,分别位于圆盘形夹具和连接结构上、下连接件上。为了保证实验精度,将加速度传感器尽量布置在圆盘中轴线上。振子安装示意如图 8.5 所示。

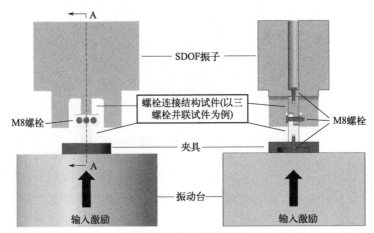

图 8.5 振子安装示意

本章讨论了接触表面粗糙度、螺栓排布方式对螺栓连接结构能量耗散特性的影响。设计的试件类型有单螺栓试件、双螺栓串联试件、双螺栓并联试件、三螺栓串联试件、三螺栓并联试件。其中单螺栓试件分为三种不同的表面粗糙度。为了验证实验的可重复性,对于每一个实验组,均制作加工了 3 对试件,用于开展重复实验。大质量块装置、传感器布置和实验试件如图 5.21 所示。试件编号如表 8.1 所示。

表 8.1 试件编号(BMD 振动实验)

工况	螺栓排布方式	表面粗糙度	预紧力/(N·m)
1	单螺栓	光滑	24
2	单螺栓	中等	24
3	单螺栓	粗糙	24
4	双螺栓串联	粗糙	24
5	双螺栓并联	粗糙	24
6	三螺栓串联	粗糙	24
7	三螺栓并联	粗糙	24

对每个实验集进行不同振幅($0.1g \sim 1.2g$)的正弦扫描,确定相应的谐振

频率。根据8.3节有限元模拟所得模态结果,认为扫描范围为100~1000Hz。应用1oct/min的对数扫描。当获得谐振频率时,可以进行定频激励。需要注意的是,出于安全和可控性的考虑,所选择的激励频率略低于得到的谐振频率。当达到稳定状态时,记录每个加速度传感器的峰值。

以工况7(三螺栓并联试件)为例,正弦扫描0.1g的加速度-时间曲线如图8.6所示。A_c表示夹具上控制点的加速度,A_b表示基座加速度,A_m表示质量块加速度。在前20s进行预扫描以检查实验设备。如果在预扫描期间没有错误报告,则从100Hz到1000Hz开始扫描。在前90s,三个加速度传感器的读数几乎不随加载频率的增加而变化。读数在100s之后急剧上升。峰值出现在110s左右。控制点加速度幅值达到6g。底座加速度幅值达到5.8g,质量加速度幅值达到3.5g。确定谐振频率为273Hz。在两个不同的阶段截获了0.02s的持续时间。在25.00~25.02s期间,三个传感器的读数与输入值基本一致,均为0.1g,高频噪声明显。从106.93~106.95s,可以观察到明显的偏差。A_m的读数达到1.3g,是输入值的13倍。曲线是平滑的,几乎为线性响应。A_b表征多谐波的高阶非线性响应。

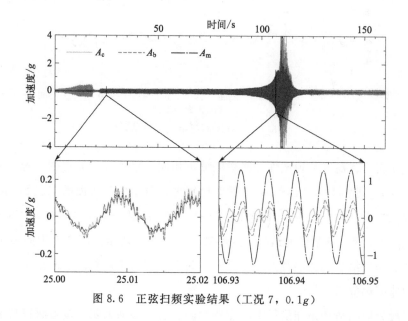

图8.6 正弦扫频实验结果(工况7,0.1g)

8.4.1 表面粗糙度影响

单螺栓连接结构的三个表面粗糙度等级分别为光滑(smooth)、中等(medium)、粗糙(rough),采用表面轮廓仪对试件表面进行扫描,扫描行程为

$500\mu m$。实测表面粗糙度如表8.2所示，三种表面粗糙度扫描结果如图8.7所示。

表8.2 实测表面粗糙度

试件编号		接触表面粗糙度 $R_a/\mu m$	
		连接件1	连接件2
工况1	P1	0.77	0.82
	P2	0.64	0.89
	P3	0.72	0.91
工况2	P1	1.23	1.40
	P2	1.10	1.13
	P3	1.28	1.39
工况3	P1	2.88	2.76
	P2	2.60	2.89
	P3	2.90	2.84

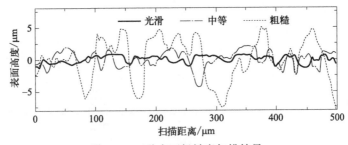

图8.7 三种表面粗糙度扫描结果

不同表面粗糙度节理试件的能量耗散不相同。对于表面光滑的工况1，测试的粗糙度 R_a 范围为 $0.64 \sim 0.91$，耗能比较大；对于中等表面的工况2，测试粗糙度 R_a 范围为 $1.1 \sim 1.4$，其能耗略低于工况1；对于工况3，在 R_a 为 $2.6 \sim 2.9$ 的测试中观察到最低的结果，这些数据如图8.8所示。图8.8中的横坐标表示激振器提供给系统的加载力，计算方法为激振器的质量乘以激振器在简谐运动下的加速度幅值 A_m。

接触界面的滑动是能量耗散的主要原因。连接表面的实际接触面积与表面粗糙度有关。对于粗糙的界面，实际接触面积较小，因此导致较高的局部压力。在这种情况下，可能发生局部锁死，进而阻止微观滑移的产生。在相同预紧力的情况下，光滑界面的实际接触面积相对较大，局部压力相对较低。在这种情况下，当受到切向载荷时，很容易发生微观滑移。因此，光滑的接口会导致更高的耗散。其他文献中也观察到了这个有趣的现象。

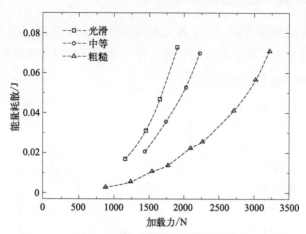

图 8.8 不同表面粗糙度情况下的能量耗散实验结果

8.4.2 螺栓排布方式影响

如表 8.1 所示,本章共考虑 5 种螺栓布置方式。对于每一组,预紧力矩考虑为 24N·m。这些样品都是用粗糙的表面制造的,其测试粗糙度 R_a 范围为 2.35～3.13。不同螺栓排布情况的能量耗散实验结果如图 8.9 所示。结果表明,三螺栓串联的试件比其他类型的试件耗能更大。其余 4 组(单螺栓、双螺栓串联、双螺栓并联、三螺栓并联),加载力均小于 1250N,能量耗散无显著差异。当加载力大于 1750N 时,它们的差异变得明显。结果表明,螺栓越多的试件耗散能量越大。当螺栓数量相同时,串联型比并联型耗能大。

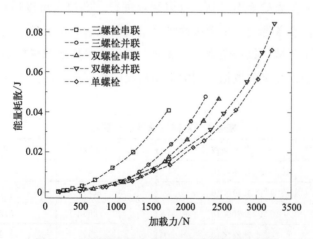

图 8.9 不同螺栓排布情况的能量耗散实验结果

8.4.3 名义相同试件的重复性验证

以工况 3 实验结果为例，3 组名义相同试件的实验结果如图 8.10 所示。良好的一致性结果表明，基于相同的实验试件和过程所获得的能量耗散结果误差较小，证明了该 SDOF 振子的稳定性。

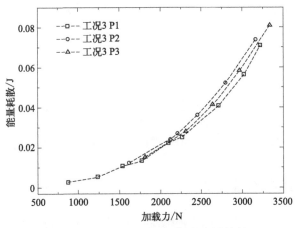

图 8.10 3 组名义相同试件的实验结果

8.4.4 实验数据展示

需要注意的是，受表面加工精度和实验控制误差的影响，部分螺栓连接界面在实验过程中发生了明显的磨损。磨损的影响可以通过不同加速度传感器的波形质量来评估。无论受力水平如何，只要每个加速度传感器的输出波形良好且稳定，即可认为实验未受磨损影响，可以继续进行。磨损也可以通过声音来区分。在测试过程中，设备持续发出尖锐的噪声是最明显的磨损迹象。当这种情况发生时，应立即终止测试，以避免意外的危险。对于这些损伤试样的实验，在固定频率激励下不能获得稳定的数据。剔除损伤情况的数据后，不同工况下的实验数据见表 8.3。

表 8.3 不同工况下的实验数据

工况	加载力/N	能量耗散/J	工况	加载力/N	能量耗散/J
1	1160	1.69×10^{-2}	2	1438	2.06×10^{-2}
	1456	3.11×10^{-2}		1739	3.56×10^{-2}
	1654	4.70×10^{-2}		2032	5.28×10^{-2}
	1901	7.26×10^{-2}		2212	6.99×10^{-2}

续表

工况	加载力/N	能量耗散/J	工况	加载力/N	能量耗散/J
3	872	2.78×10^{-3}	5	2538	3.95×10^{-2}
	1237	5.43×10^{-3}		2866	5.49×10^{-2}
	1538	1.08×10^{-2}		3089	6.96×10^{-2}
	1769	1.36×10^{-2}		3252	8.42×10^{-2}
	2265	2.55×10^{-2}	6	183	2.20×10^{-4}
	2710	4.10×10^{-2}		269	6.63×10^{-4}
	3025	5.67×10^{-2}		307	7.82×10^{-4}
	3223	7.12×10^{-2}		377	1.48×10^{-3}
4	674	1.63×10^{-3}		511	2.77×10^{-3}
	1102	4.80×10^{-3}		704	6.07×10^{-3}
	1346	7.90×10^{-3}		945	1.21×10^{-2}
	1537	1.13×10^{-2}		1244	1.98×10^{-2}
	1691	1.51×10^{-2}		1742	4.07×10^{-2}
	1750	1.78×10^{-2}	7	492	6.24×10^{-4}
	2019	2.61×10^{-2}		813	2.23×10^{-3}
	2253	3.58×10^{-2}		992	4.16×10^{-3}
	2468	4.69×10^{-2}		1189	7.12×10^{-3}
5	199	1.79×10^{-4}		1334	1.04×10^{-2}
	538	1.32×10^{-3}		1456	1.41×10^{-2}
	1071	5.49×10^{-3}		1788	2.39×10^{-2}
	1736	1.56×10^{-2}		2066	3.55×10^{-2}
	2349	3.11×10^{-2}		2281	4.79×10^{-2}

8.5 六参数 Iwan 模型参数辨识

根据第 4 章给出的参数辨识方法和本章所开展的螺栓连接结构实验结果，开展 Iwan 模型参数辨识。本章所开展的实验研究为连接结构在微观滑移阶段的阻尼特性，因此六参数 Iwan 模型中描述微观滑移起始点的参数 φ_1 和宏观滑移阶段接触界面残余刚度的参数 K_∞ 没有讨论。此时六参数 Iwan 模型退化为四参数 Iwan 模型，模型中的参数为 R、χ、φ_2 和 K_2，其中 R、χ 为描述 Iwan 模型幂率分布的参数，φ_2 为宏观滑移时刻位移，K_2 为宏观滑移时刻接触界面切向刚度的变化量。得到微观滑移阶段 Iwan 模型的能量耗散 D 与位移幅值 ψ 之间的解析关

系为

$$D(\psi) = \frac{4\psi^{\chi+3}}{(\chi+2)(\chi+3)} \tag{8.7}$$

微观滑移阶段 Iwan 模型激励力-位移解析关系为

$$F(\psi) = \left(\frac{R\varphi_2^{\chi+1}}{\chi+1} + K_2\right)\psi - \frac{R\psi^{\chi+2}}{(\chi+1)(\chi+2)} \tag{8.8}$$

由式(8.7)和式(8.8)可得到能量耗散 D 与激励力 F 之间的关系。

$$F(D) = \left(\frac{R\varphi_2^{\chi+1}}{\chi+1} + K_2\right)\left[\frac{D(\chi+2)(\chi+3)}{4R}\right]^{\frac{1}{\chi+3}} - \frac{R}{(\chi+1)(\chi+2)}\left[\frac{D(\chi+2)(\chi+3)}{4R}\right]^{\frac{\chi+2}{\chi+3}} \tag{8.9}$$

将不同工况下的实验结果代入式(8.9)中,采用数值求解的方法可对其中的参数 R、α、φ_2 和 K_2 进行辨识。基于螺栓连接结构实验结果的参数辨识如表 8.4 所示。光滑(smooth)、中等(medium)、粗糙(rough)三种不同的表面粗糙度 R_a 分别为 0.64~0.91、1.1~1.4 和 2.4~3.1。将表 8.4 中的参数代入六参数 Iwan 模型能量耗散解析表达式,将能量耗散解析解与实验结果进行对比,如图 8.11 所示。

表 8.4 基于螺栓连接结构实验结果的参数辨识

工况	φ_2/m	$K_2/(\text{N/m})$	$R/(\text{N/m}^{2+\chi})$	χ
1	7.01×10^{-4}	2.91×10^6	3.16×10^8	-0.05
2	2.02×10^{-3}	1.58×10^6	5.54×10^6	-0.27
3	9.62×10^{-4}	4.63×10^6	4.89×10^6	-0.51
4	1.98×10^{-3}	2.17×10^6	2.63×10^6	-0.38
5	2.99×10^{-3}	1.78×10^6	2.34×10^6	-0.30
6	2.98×10^{-3}	2.05×10^6	2.33×10^7	-0.13
7	2.74×10^{-3}	2.25×10^6	4.11×10^5	-0.70

参数辨识结果显示,不同工况下描述幂律分布的参数 χ 范围为 $-0.7\sim-0.05$。宏观滑移初始时刻的刚度变化量 K_2 的范围为 $1.58\times10^6\sim4.63\times10^6\text{N/m}$。结果表明,不同工况的辨识结果与实验结果均符合较好,六参数 Iwan 模型可以很好地描述不同接触表面粗糙度、不同螺栓排布方式的连接结构能量耗散特性。

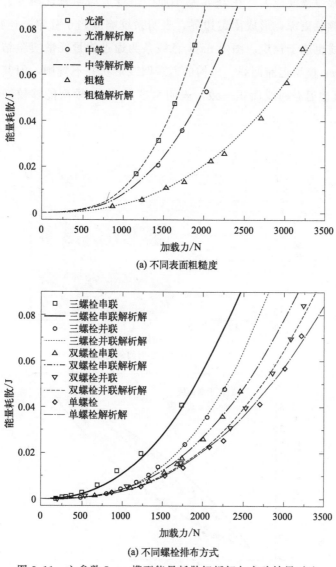

图 8.11 六参数 Iwan 模型能量耗散解析解与实验结果对比

根据加速度-时间实验结果和激励频率,可以分别计算得到振动台工作面和振子的位移-时间曲线,然后可根据本章的动力学实验重构连接结构接触界面的迟滞回线。针对工况 3 定频激励实验,选择 1.2g 定频加载的实验数据进行分析。控制点、夹具和振子的加速度-时间曲线如图 8.12(a) 所示。选择 24.6~29.3s 这个时间段进行分析,共计 24000 个数据点。这个过程是幅值逐渐放大到稳定的过程,具有讨论的意义。重构的迟滞回线和与之相对应的 Iwan 模型参数辨识结果如图 8.12(b) 所示。结果显示,随着激励频率趋于系统共振频率,加速度、位移幅值逐渐放大，在力-位移平面中呈现迟滞回线逐渐变大。重构迟滞回线的外缘颜色更深，形成固定边界，表明系统响应趋于稳定，连接接触的力-位移迟滞回线也趋于稳定。图中 navy 色线条为通过能量耗散实验结果辨识得到的六参数 Iwan 模型迟滞回线。重构的迟滞回线形状并不规则，但其面积与辨识后的 Iwan 模型迟滞回线面积一致，表明六参数 Iwan 模型能够较好描述连接接触阻尼特性。

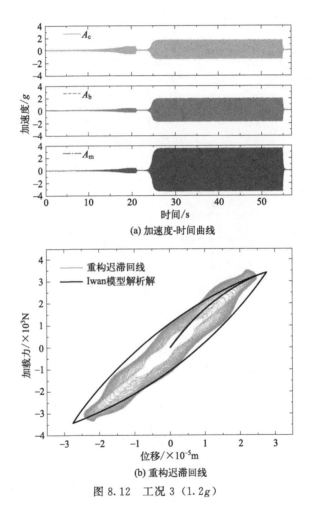

图 8.12　工况 3（1.2g）

8.6　本章小结

本章设计、制造了一种改进和简化的 SDOF 振子装置，并应用于研究螺栓连接阻尼引起的能量耗散。与 BMD 相比，本章所设计的振子具有两个优点：首先,振子的质量(101.55kg)与BMD(205lb,93kg)相似,而其形状经过重新设计,重心更低,对于不同频率、试样和输入激励的实验,在没有任何支撑框架的情况下,振子的稳定性都保持得很好;其次,BMD的施加力为120~320lb(534~1424N)不等,振子的施加力范围为183~3252N,比BMD的范围宽得多,与BMD相比,振子可以获得更多的测试数据。不同条件下的实验数据表明,该振子具有良好的稳定性和精度。

具体讨论了三种不同的表面粗糙度水平和五种螺栓布置方式对能量耗散的影响。所得数据表明,粗糙表面比光滑表面耗散更多的能量。螺栓较多的试件耗散的能量相对较多。当螺栓数量相同时,串联型比并联型耗能大。基于实验数据进行了模型辨识。重建的磁滞回线与识别的Iwan模型吻合良好。结果表明,六参数Iwan模型能较好地描述不同表面粗糙度和螺栓布置节点的阻尼特性。

参 考 文 献

[1] Ahmadian H, Rajaei M. Identification of Iwan distribution density function in frictional contacts [J]. Journal of Sound and Vibration, 2014, 333 (15): 3382-3393.

[2] Balaji N N, Chen W, Brake M R. Traction-based multi-scale nonlinear dynamic modeling of bolted joints: Formulation, application, and trends in micro-scale interface evolution [J]. Mechanical Systems and Signal Processing, 2020, 139: 106615.

[3] Gaul L, Schmidt A. Finite element simulation and experiments on rotor damping assembled by disc shrink fits [J]. Mechanical Systems and Signal Processing, 2019, 127: 412-422.

[4] Li D, Botto D, Xu C, et al. A micro-slip friction modeling approach and its application in underplatform damper kinematics [J]. International Journal of Mechanical Sciences, 2019, 161-162: 105029.

[5] Li D, Xu C, Liu T, et al. A modified IWAN model for micro-slip in the context of dampers for turbine blade dynamics [J]. Mechanical Systems and Signal Processing, 2019, 121: 14-30.

[6] Li Y, Hao Z. A six-parameter Iwan model and its application [J]. Mechanical Systems and Signal Processing, 2016, 68: 354-365.

[7] Li Y, Hao Z, Feng J, et al. Investigation into discretization methods of the six-parameter Iwan model [J]. Mechanical Systems and Signal Processing, 2017, 85: 98-110.

[8] Metherell A F, Diller S V. Instantaneous Energy Dissipation Rate in a Lap Joint-Uniform Clamping Pressure [J]. Journal of Applied Mechanics, 1968, 35 (1): 123-128.

[9] Mignolet M P, Song P, Wang X Q. A stochastic Iwan-type model for joint behavior variability modeling [J]. Journal of Sound and Vibration, 2015, 349: 289-298.

[10] Segalman D J, Starr M J. Inversion of Masing models via continuous Iwan systems [J]. International Journal of Non-Linear Mechanics, 2008, 43 (1): 74-80.

[11] Wang D, Xu C, Hu J, et al. Nonlinear mechanics modeling for joint interface of assembled structure [J]. Chinese Journal of Theoretical and Applied Mechanics, 2018, 50 (1): 44-57.

[12] Xiao H, Shao Y, Xu J. Investigation into the energy dissipation of a lap joint using the one-dimensional microslip friction model [J]. European Journal of Mechanics-A/Solids, 2014, 43: 1-8.

[13] Xu P, Zhou Z, Liu T, et al. The investigation of viscoelastic mechanical behaviors of bolted GLARE joints: modeling and experiments [J]. International Journal of Mechanical Sciences, 2020, 175: 105538.

[14] Zhang Z, Xiao Y, Xie Y, et al. Effects of contact between rough surfaces on the dynamic responses of bolted composite joints: multiscale modeling and numerical simulation [J]. Composite Structures, 2019, 211: 13-23.

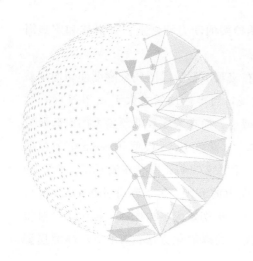

第 9 章

考虑界面损伤效应的五参数Iwan模型

9.1 引言

本章旨在探讨螺栓连接结构承受较高预紧力（>10kN）情况下的切向滑动特性。预紧力为12.4kN时，微观滑移阶段磨损不明显，而宏观滑移阶段磨损明显。进而提出了一种考虑损伤效应的本构模型，并进行了实验验证。采用均匀刚度离散化策略，将该损伤本构模型应用于有限元数值计算。数值计算结果表明，单元数对微滑移阶段骨线的计算精度没有明显影响。对于宏观滑移阶段，单元数量越多，计算精度越高。与以往的本构模型相比，本章提出的五参数 Iwan 模型能够准确地描述不同条件下宏观滑移力的衰减。

以往螺栓连接结构实验研究所考虑的预紧力较低。Gaul 和 Lenz 在他们的搭接实验中考虑的界面压强仅为 0.25MPa。Eriten 等所采用的最大螺栓预紧力为 993N。Li 等研制的螺栓连接微动实验装置选取的最大预紧力为 1.5kN。Yuan 等开展的带螺栓连接梁实验使用了 8.8 级 M12 螺栓，预紧力矩为 4N·m。Xu 等的实验所考虑预紧力矩为 5N·m。

在实际工程中，为了确保螺栓在整个使用寿命期间内的紧固性，通常会施加较大的螺栓预紧力。对于 8.8 级的 M8 螺栓，其最小断裂力矩为 33N·m。根据 Eriten 等提供的螺母系数可将该力矩折算为 15.4kN 的最大预紧力。显然，该值比以往研究中所施加的预紧力要大得多。Balaji 等在他们对 Brake-Reuß 梁的研究中采用了 3 个 5/16 螺栓（M8 螺栓）。每个螺栓预紧力矩达到 20N·m，测试预紧力为 12.8kN。但其研究主要集中在螺栓梁的动力特性上。微滑移和宏观滑移过程中接触界面的切向特性并没有讨论。

根据以往的实验观察,螺栓连接结构在宏观滑移阶段的残余刚度使切向承载力进一步增大。然而第 5 章的实验研究发现,当螺栓预紧力大于 5.2kN 时,螺栓连接的切向承载力在宏观滑移阶段显著减小,而在考虑较低预紧力的实验研究中没有观察到这种现象。现有本构模型中,六参数 Iwan 模型和 Song 等的模型在宏观滑移阶段表现出单调递增的承载力,四参数 Iwan 模型在宏观滑移阶段的承载力为常量。这些模型不能准确描述切向力的衰减。9.2 节通过在 Iwan 模型框架中引入描述损伤的变量,提出了一种新的损伤效应本构模型,提供了针对实验结果的模型参数辨识;9.3 节给出了该模型的离散化方法;9.4 节对离散模型进行了数值模拟。

9.2 本构模型推导

Iwan 模型积分表达式为

$$F(x) = \int_0^x \varphi \rho(\varphi) \mathrm{d}\varphi + \int_x^\infty x \rho(\varphi) \mathrm{d}\varphi \tag{9.1}$$

式中,$F(x)$ 为模型受力;x 为加载位移。

密度函数 $\rho(\varphi)$ 具有如下性质。

$$\rho(\varphi) = -\left.\frac{\partial^2 F(x)}{\partial x^2}\right|_{\varphi=x} \tag{9.2}$$

由第 5 章准静态实验结果可知,在微滑移阶段磨损效应不明显。宏观滑移开始时,切向刚度变化较大。因此,考虑带有 δ 函数的均匀密度函数用于 Iwan 模型的积分求解。

$$\rho(\varphi) = R\left[\varepsilon(\varphi) - \varepsilon(\varphi - \varphi_2)\right] + K_2 \delta(\varphi - \varphi_2) \tag{9.3}$$

于是得到整个微观滑移阶段的骨线方程解析表达式为

$$F(x) = R\varphi_2 x + K_2 x - \frac{1}{2}Rx^2 \quad 0 \leqslant x \leqslant \varphi_2 \tag{9.4}$$

根据单调拉伸实验结果曲线可知,当螺栓连接结构进入宏观滑移阶段时,其接触表面逐渐发生不可逆转的摩擦磨损,切向承载能力不断减弱,切向载荷逐渐减小,并逐渐由宏观滑移力 F_S 衰减到一个稳定值 F_R。于是可以将接触表面逐渐磨损这个过程中的切向载荷可以表示为损伤因子 γ 的函数。

$$F(x) = (1-\gamma)\int_0^\infty \varphi\rho(\varphi)\mathrm{d}\varphi + \gamma F_R \quad x > \varphi_2 \tag{9.5}$$

其中损伤因子 γ 的表达式为

$$\gamma = \gamma(x) = 1 - \mathrm{e}^{a\left(1-\frac{x}{\varphi_2}\right)} \tag{9.6}$$

根据式(9.4)~式(9.6)可得到微观滑移、宏观滑移阶段的骨线方程解析表达式。

$$F(x) = \begin{cases} R\varphi_2 x + K_2 x - \dfrac{1}{2}Rx^2 & 0 \leqslant x \leqslant \varphi_2 \\ \left(\dfrac{1}{2}R\varphi_2^2 + K_2\varphi_2\right)\mathrm{e}^{a\left(1-\frac{x}{\varphi_2}\right)} + F_R\left[1 - \mathrm{e}^{a\left(1-\frac{x}{\varphi_2}\right)}\right] & x > \varphi_2 \end{cases} \tag{9.7}$$

Iwan 模型的初始时刻弹性刚度 K_0 和宏观滑移力 F_S 由如下的积分表达式定义。

$$K_0 = \int_0^\infty \rho(\varphi)\mathrm{d}\varphi = R\varphi_2 + K_2 \tag{9.8}$$

$$F_S = \int_0^\infty \varphi\rho(\varphi)\mathrm{d}\varphi = \frac{1}{2}R\varphi_2^2 + K_2\varphi_2 \tag{9.9}$$

考虑将式(9.8)和式(9.9)代入式(9.7)，可得到最终的模型解析表达式。

$$F(x) = \begin{cases} K_0 x - \left(\dfrac{K_0}{\varphi_2} - \dfrac{F_S}{\varphi_2^2}\right)x^2 & 0 \leqslant x \leqslant \varphi_2 \\ F_R + (F_S - F_R)\mathrm{e}^{a\left(1-\frac{x}{\varphi_2}\right)} & x > \varphi_2 \end{cases} \tag{9.10}$$

将式(9.10)对位移 x 求导，可得到该五参数本构模型的刚度表达式。

$$K(x) = \begin{cases} K_0 - 2\left(\dfrac{K_0}{\varphi_2} - \dfrac{F_S}{\varphi_2^2}\right)x & 0 \leqslant x \leqslant \varphi_2 \\ -\dfrac{a}{\varphi_2}(F_S - F_R)\mathrm{e}^{a\left(1-\frac{x}{\varphi_2}\right)} & x > \varphi_2 \end{cases} \tag{9.11}$$

该模型包含 5 个参数，分别为 φ_2、F_S、F_R、K_0 和 a，其中，φ_2 和 F_S 表示力-位移曲线峰值点的横纵坐标；F_R 为宏观滑移阶段的残余切向力；K_0 表示微滑移开始时刻的切向刚度；无量纲参数 a 描述了宏观滑移力的衰减率。以上参数具有明确的物理定义，可直接通过螺栓连接结构单调加载实验进行辨识。参数辨识结果如表 9.1 所示。

表 9.1　参数辨识结果

工况	φ_2/mm	F_S/kN	F_R/kN	K_0/(kN/mm)	a
单螺栓光滑 12.4kN	0.055	4.27	3.0	116	0.7
单螺栓中等 12.4kN	0.057	4.65	3.3	122	0.9
单螺栓粗糙 12.4kN	0.065	4.63	3.4	131	0.5
单螺栓中等 5.2kN	0.027	1.92	1.4	111	0.2
单螺栓中等 9.3kN	0.033	2.93	2.1	133	0.8
双螺栓串联 12.4kN	0.089	6.96	5.7	117	4
双螺栓并联 12.4kN	0.093	8.05	6.3	130	3
三螺栓串联 12.4kN	0.152	11.3	9.6	99	10
三螺栓并联 12.4kN	0.137	11.2	9.6	109	10

将表 9.1 中的参数分别代入式(9.10)可得到不同工况下的五参数 Iwan 模型解析解，力-位移关系实验曲线与解析模型对比如图 9.1 所示。结果表明，五参数 Iwan 模型可以准确描述不同工况下的螺栓连接结构微、宏观滑移行为。对于单螺栓试件，不同接触表面粗糙度和预紧力情况下，宏观滑移力的衰减程度差别不大，各工况的参数 a 均较小。随着螺栓数量的增多，宏观滑移力的衰减速率逐渐增大，两种双螺栓试件所对应的参数 a 分别为 3 和 4。对于三螺栓试件情况，参数 a 最大，数值为 10。将各工况下的力-位移曲线解析解对位移求导，可得到刚度-位移曲线，如图 9.2 所示。结果显示，图 9.2（a）中刚度曲线几乎重合，说明不同表面粗糙度对接触刚度的影响较小。当加载位移达到 0.2mm 时，各工况下切向刚度均逐渐趋于 0。对于上述九组实验，该位移量为 $2\varphi_2 \sim 7\varphi_2$。

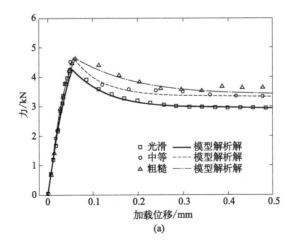

(a)

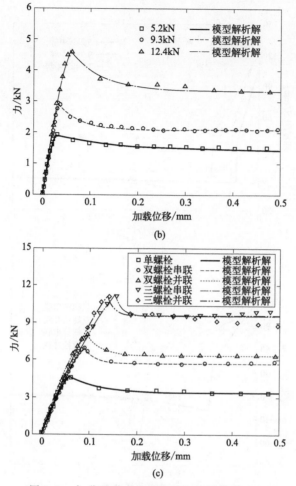

图 9.1 力-位移关系实验曲线与解析模型对比

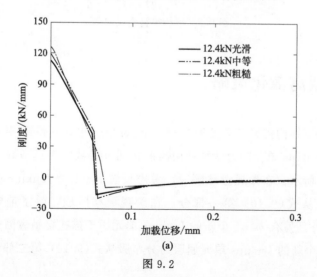

图 9.2

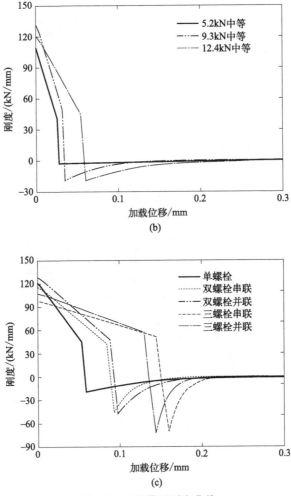

图 9.2 解析模型刚度曲线

9.3 模型离散化策略

将螺栓连接结构接触表面处理为若干个 Jenkins 单元（弹簧-滑块单元）的并联体，这些 Jenkins 单元的力学特性由离散化的五参数解析模型确定，其离散化示意如图 9.3 所示。在微观滑移阶段，考虑设置 $n+1$ 个 Jenkins 单元，它们的屈服力分布服从式(9.10)第一部分。在宏观滑移阶段，除了前述的 $n+1$ 个 Jenkins 单元外，另有 $m+1$ 个新的 Jenkins 单元用于描述接触表面的摩擦磨损行为。这 $m+1$ 个新的 Jenkins 单元屈服力分布服从式(9.10)第二部分。微观滑移阶段，离散 Iwan 模型骨线方程的精度对于 Jenkins 单元数量不敏感。本章对微观滑移和宏观滑移阶段均采用刚度均匀分割的离散化策略，以期采用较少的 Jenkins 单元获得较高的离散精度。基于刚度均分的离散化策略如图 9.4 所示。

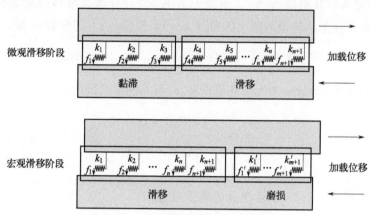

图 9.3　五参数解析模型离散化示意

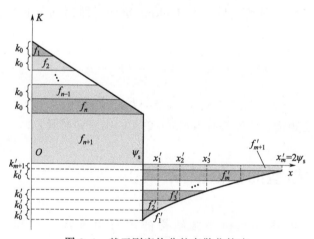

图 9.4　基于刚度均分的离散化策略

微观滑移阶段中每一个 Jenkins 单元的均分刚度 k_0 可表示为

$$k_0 = \frac{1}{n}(K_0 - K_2) = \frac{R\varphi_2}{n} \quad (9.12)$$

可得到第 i 个 Jenkins 单元的屈服位移为

$$x_i = \frac{i}{n}\varphi_2 \quad 0 < i \leqslant n \quad (9.13)$$

对于每一个 Jenkins 单元，其屈服力的大小对应着刚度-位移平面中各个梯形的面积，因此对于第 i 个 Jenkins 单元，其屈服力为

$$f_i = \frac{1}{2}k_0(x_{i-1}+x_i) = \frac{R\varphi_2^2}{2n^2}(2i-1) \quad 0<i\leqslant n \tag{9.14}$$

第 $n+1$ 个 Jenkins 单元用于描述宏观滑移时刻的刚度变化量，因此根据 Iwan 模型定义，其刚度为 K_2，屈服力为 $K_2\varphi_2$。与微观滑移的离散化策略类似，这里将宏观滑移阶段的刚度区间 $[K(\varphi_2), K(2\varphi_2)]$ 均分为 m 份，即

$$k'_j = k'_0 = \frac{a}{\varphi_2 m}(F_S - F_R)(1 - e^{-a}) \quad 0<j\leqslant m \tag{9.15}$$

于是得到每一个 Jenkins 单元的屈服位移 x'_j 与总刚度之间的关系。

$$|K(x'_j)| = \frac{a}{\varphi_2}(F_S - F_R) - jk'_0 \quad 0<j\leqslant m \tag{9.16}$$

$$x'_j = \varphi_2 - \frac{\varphi_2}{a}\ln\left[1 - \frac{j}{m}(1 - e^{-a})\right] \quad 0<j\leqslant m \tag{9.17}$$

因此得到第 j 个 Jenkins 单元的屈服力为

$$f'_j = \frac{1}{2}k'_0(x'_{j-1}+x'_j-2\varphi_2) \quad 0<j\leqslant m \tag{9.18}$$

对于宏观滑移阶段的最后一个 Jenkins 单元，即第 $m+1$ 个 Jenkins 单元，其刚度和屈服力分别为

$$k'_{m+1} = |K(2\varphi_2)| = \frac{a}{\varphi_2}(F_S - F_R)e^{-a} \tag{9.19}$$

$$f'_{m+1} = k'_{m+1}\varphi_2 = a(F_S - F_R)e^{-a} \tag{9.20}$$

最终得到整个宏观滑移阶段所有 Jenkins 单元的刚度和屈服力。

9.4 离散模型的数值模拟

在 ANSYS 中建立螺栓连接结构的单自由度降阶模型，采用内置的 COMBIN40 号单元模拟 Jenkins 单元，讨论不同单元数量情况下的计算精度，其中微观滑移、宏观滑移阶段的单元数量 n、m 分别为 4、8、12、16。不同单元数量情况下的骨线计算结果与解析解对比如图 9.5 所示。在微观滑移阶段，Jenkins 单元数量对计算精度的影响较小。无论是在 $n=4$ 还是 $n=16$ 情况下，数值计算曲线与解析解都吻合较好。

在宏观滑移阶段，Jenkins 单元数量 m 对计算精度的影响明显。当 $m=4$ 时，计算得到残余滑移力 $F_R=8.2\text{kN}$，与解析解相比误差较大，为 15%。随着单元数量的增加，当 $m=8$ 时，计算精度得到改善，与解析解误差为 6%。当单元数量 $m=12$ 时，数值计算结果与解析解误差为 4%。当 m 增大到 16 时，数值

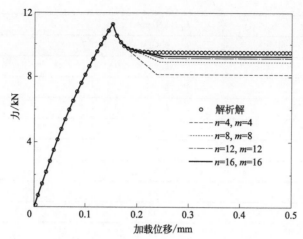

图 9.5 不同单元数量情况下的骨线计算结果与解析解对比

计算结果的精度较高,与解析解误差仅为 3%。不同单元数量的计算结果与解析解对比如表 9.2 所示。当 $m=16$ 时,各离散化 Jenkins 单元的参数如表 9.3 所示。其中

$$\sum k'_j = \frac{a}{\varphi_2}(F_S - F_R) \tag{9.21}$$

$$\sum f'_j \approx F_S - F_R \tag{9.22}$$

值得说明的是,根据刚度离散化策略,式(9.21)是严格成立的。但由于式(9.18)中近似将 Jenkins 单元屈服力等效为刚度-位移平面中的梯形面积,因此式(9.22)中所有 Jenkins 单元屈服力之和与右边近似相等,这是造成表 9.2 中数值计算与解析解之间误差的原因。

表 9.2 不同单元数量的计算结果与解析解对比

F_R 解析解/kN	$m=4$		$m=8$		$m=12$		$m=16$	
	数值解/kN	误差/%	数值解/kN	误差/%	数值解/kN	误差/%	数值解/kN	误差/%
9.6	8.2	−15	9.0	−6	9.2	−4	9.3	−3

表 9.3 各离散化 Jenkins 单元的参数 ($m=16$)

j	k'_j/(kN/mm)	f'_j/N
1	6.99	3.43
2	6.99	10.52
3	6.99	18.12
4	6.99	26.31
5	6.99	35.19

续表

j	$k'_j/(\text{kN/mm})$	f'_j/N
6	6.99	44.87
7	6.99	55.53
8	6.99	67.39
9	6.99	80.74
10	6.99	96.02
11	6.99	113.89
12	6.99	135.43
13	6.99	162.56
14	6.99	199.37
15	6.99	257.71
16	6.99	678.51
17	0.005	0.77

9.5 本章小结

根据高预紧力情况下螺栓连接结构准静态实验和本构模型研究，讨论了微、宏观滑移情况下的摩擦磨损特性。结果显示，在高预紧力情况下，螺栓连接结构接触表面在微观滑移阶段的磨损不显著，但宏观滑移阶段的磨损十分显著，连接件切向承载能力随着加载位移的增大而显著降低。光滑接触表面的切向载荷曲线也较光滑，随着表面粗糙度的增大，宏观滑移阶段实验曲线也逐渐出现起伏。螺栓预紧力较小时（5.2kN），宏观滑移力衰减并不明显。随着预紧力的增大，宏观滑移力衰减幅度也增大。随着螺栓数量的增多，接触界面总预紧力也增大，宏观滑移力衰减更加明显。

通过在 Iwan 模型中引入新的损伤因子，提出了五参数解析模型，可准确描述不同工况下的宏观滑移力衰减现象。基于刚度均匀分割策略，提出了模型离散化方法，基于 ANSYS 环境中的非线性弹簧-滑块单元开展有限元模拟。结果显示，Jenkins 单元数量对微观滑移阶段的骨线方程计算精度没有显著影响。在宏观滑移阶段，Jenkins 单元越多，骨线方程计算精度越高。

参 考 文 献

[1] Li D, Xu C, Botto D, et al. A fretting test apparatus for measuring friction hysteresis of bolted joints [J]. Tribology International, 2020: 106431.

[2] Yuan P, Ren W, Zhang J. Dynamic tests and model updating of nonlinear beam structures with bolted joints [J]. Mechanical Systems and Signal Processing, 2019, 126: 193-210.

[3] Xu P, Zhou Z, Liu T, et al. The investigation of viscoelastic mechanical behaviors of bolted GLARE joints: Modeling and experiments [J]. International Journal of Mechanical Sciences, 2020, 175: 105538.

[4] Balaji N N, Chen W, Brake M R W. Traction-based multi-scale nonlinear dynamic modeling of bolted joints: Formulation, application, and trends in micro-scale interface evolution [J]. Mechanical systems and signal processing, 2020, 139: 106615.

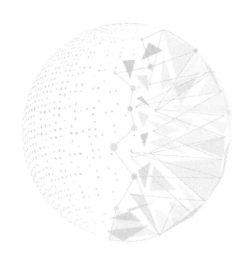

结论与展望

本书首先在Goodman能量耗散模型基础上，引入修正摩擦模型，针对实验研究所采用的平板搭接结构，建立了可以更准确反映能量耗散幂次关系实验结果的理论模型。在现有Iwan模型研究工作基础上，提出了可以同时描述微观滑移阶段能量耗散幂次关系和宏观滑移阶段残余刚度现象的六参数Iwan模型。根据六参数Iwan模型刚度方程，提出了基于位移的算术级数、基于位移的几何级数、基于刚度的算术级数和基于刚度的几何级数四种离散化方法。进一步讨论接触表面粗糙度、螺栓预紧力矩和螺栓排布方式对螺栓连接结构力-位移关系和能量耗散特性的影响。设计了含单螺栓连接件的薄壁圆筒组合结构，开展了不同激励量级下的正弦扫频实验和定频激励实验，建立薄壁圆筒有限元模型，采用离散六参数Iwan模型描述螺栓连接件，开展有限元数值计算。开展六参数Iwan模型应用研究，对所提出的六参数Iwan模型适用性进行验证。得到的结论如下。

推导得到可以准确描述平板搭接结构能量耗散幂次关系的理论模型。所提出的修正摩擦能量耗散模型在一定情况下可以退化为库仑摩擦能量耗散模型和Goodman能量耗散模型。与库仑摩擦模型相比，修正摩擦模型能够得到更准确的能量耗散计算结果，且幂次关系与实验结果符合较好。修正摩擦模型能够更准确地描述平板搭接结构能量耗散特性。在Segalman四参数Iwan模型和Song等改进Iwan模型研究工作基础上，提出了可以同时描述微观滑移阶段能量耗散幂次关系和宏观滑移阶段残余刚度现象的六参数非均匀密度函数。采用该密度函数推导了六参数Iwan模型的骨线方程、卸载方程和反向加载方程的解析表达式。根据Masing假定进一步得到了六参数Iwan模型在微、宏观滑移阶段的能量耗散解析表达式。提出的六参数Iwan模型不仅可以反映连接结构接触表面在宏观滑移阶段的切向残余刚度现象，而且可以准确描述微观滑移阶段的能量耗散幂次关系，模型结果与实验数据能够较好吻合。基于螺栓连接结构静、动态实验结果，开展了六参数 Iwan 模型的参数辨识。根据六参数 Iwan 模型刚度方程，提出了基于位移的算术级数、基于位移的几何级数、基于刚度的算术级数和基于刚度的几何级数四种离散化方法。开展了连接结构单自由度模型的数值计算，讨论了不同的离散化方法和不同的 Jenkins 单元数量对计算精度的影响。数值模拟结果表明，Jenkins 单元数量越多，能量耗散计算结果的精度越高。与其他三种离散化方法相比，基于刚度的几何级数离散方法可以得到精度较高的计算结果。力-位移骨线方程的计算结果对 Jenkins 单元数量并不敏感，当 $n=4$、8、12、16 时均能得到较好的计算结果。开展了含六参数 Iwan 模型的单自由度振子系统在不同激励量级下的振动分析。结果表明六参数 Iwan 模型能够很好地描述连接结构的非线性高频响应。

设计了单自由度振子实验装置。与 BMD 相比，本书所设计的振子具有两个优点。首先，振子的质量（101.55kg）与 BMD（205lb，93kg）相似，而其形状经过重新设计，重心更低。对于不同频率、试样和输入激励的实验，在没有任何支撑框架的情况下，振子的稳定性都保持得很好。其次，BMD 的施加力范围为 120～320lb（534～1424N）。振子的施加力范围为 183～3252N，比 BMD 的范围宽得多。不同条件下的实验数据表明，该振子具有良好的稳定性和精度。开展螺栓连接结构静、动态实验研究，讨论了接触表面粗糙度、螺栓预紧力矩和螺栓排布方式对螺栓连接结构力-位移关系和能量耗散特性的影响。扭力校核预实验结果表明，螺栓在重复使用后，螺纹与连接结构试件表面均发生了不可逆转的磨损破坏，预紧力会显著降低。以 14N·m 实验结果为例，三次加载-卸载后螺栓 1 的预紧力下降了 25%，螺栓 2 下降了 12%，螺栓 3 下降了 37%，螺栓 4 下降了 31%。因此在设计中应特别注意，对于需要控制预紧力的实际工程结构，螺栓不能重复使用。

能量耗散实验结果表明，接触表面越粗糙，能量耗散越小；预紧力矩越大，能量耗散越小；在相同预紧力情况下，螺栓数量越多，试件能量耗散越大；相同螺栓数量情况下，串联试件的能量耗散大于并联试件。力-位移曲线实验结果表明，预紧力矩越大，宏观滑移力也越大。在微观滑移和宏观滑移的过渡阶段，力-位移曲线出现峰值后逐渐降低，随后接触表面发生宏观滑移。随着滑移量级的不断增大，螺杆与螺孔间隙不断减小，直至螺杆与螺孔表面接触，螺杆受剪。设计了含单螺栓连接件的薄壁圆筒组合结构，开展了不同激励量级下的正弦扫频实验和定频激励实验。随着激励量级的增加，薄壁圆筒组合结构响应中的共振峰出现了向低频方向漂移的实验现象。由于连接接触的存在，随着激励量级的增加，整体结构呈现刚度软化现象。采用离散 Iwan 模型来表示薄壁圆筒组合结构中的螺栓连接部分，开展含离散 Iwan 模型的薄壁圆筒动力学数值计算，并将计算结果与实验结果进行对比。结果显示，当激励频率较低（80Hz、160Hz、300Hz 和 435Hz）时，计算结果与实验结果符合较好。

采用六参数 Iwan 模型对修正摩擦模型有限元算例进行表征。结果表明，离散 Iwan 模型能量耗散计算结果与修正摩擦模型能量耗散计算结果符合较好。根据所开展的螺栓连接结构实验结果开展六参数 Iwan 模型参数辨识。不同工况的参数辨识结果与实验结果均符合较好，六参数 Iwan 模型可以准确描述微观滑移阶段螺栓连接结构能量耗散特性。根据 Eriten 螺栓连接结构宏观滑移准静态实验结果，对六参数 Iwan 模型开展参数辨识和离散化数值计算。计算结果显示，六参数 Iwan 模型解析解与螺栓连接结构宏观滑移实验结果符合较好，在微观滑移和宏观滑移阶段，有限元数值计算结果与实验结果均符合较好。Jenkins 单元数量对宏观滑移不敏感，在 $n \geqslant 8$ 的情况下可以得到较高的计算精度。六参数 Iwan 模型能够准确描述宏观滑移阶段螺栓连接结构能量耗散特性。通过在 Iwan 模型中引入新的损伤因子，提出了五参数解析模型，可准确描述不同工况下的宏观滑移力衰减现象。

针对复杂结构系统中广泛存在的连接接触问题，提出了可以描述连接接触非线性力学行为的连接结构本构模型，开展了理论推导、数值计算和实验研究工作。然而受作者时间和能力所限，本书研究工作仍有不足之处，下面列出的问题还有待进一步研究。

(1) 连接接触微、纳观力学机理研究

本书所提出的六参数 Iwan 模型需要基于连接结构的宏观力学响应进行辨识。该模型可以准确描述连接刚度和阻尼，是一种唯象本构模型。在未来的研究工作中，可以考虑开展连接接触的微、纳观力学行为研究，进一步加深对连接接触的机理认识，将六参数 Iwan 模型进一步完善，在模型中引入接触表面磨损、形貌和塑性变形等描述，进一步讨论这些因素对连接结构宏观力学行为的影响。

(2) 加载速率对连接结构力学行为的影响

已有的连接结构实验研究主要考虑振动载荷作用下连接结构的响应。本书开展了连接结构准静态实验研究，连接结构力-位移曲线显示，随着位移和载荷的增大，在宏观滑移初始时刻连接结构力-位移关系曲线出现峰值，发生宏观滑移后，外力随位移载荷的增加而逐渐减小。本书在准静态实验中（加载速率较低）观察到了这种静摩擦-滑动摩擦现象，而在现有的振动实验中（加载速率较高）

并未观察到此现象，加载速率会对连接结构力-位移关系造成显著影响。未来的工作可以针对这种现象开展不同加载速率的连接结构实验研究，对其进一步研究讨论。

(3) 冲击载荷作用下六参数 Iwan 模型的适用性研究

目前所开展的模型研究工作显示，六参数 Iwan 模型可以较好地描述准静态和振动载荷作用下的连接结构非线性刚度、阻尼等力学特性。而模型对于冲击载荷作用下连接结构响应的描述能力还有待更进一步的研究验证。

(4) 高频激励下离散六参数 Iwan 模型计算精度的改善

含离散六参数 Iwan 模型的薄壁圆筒数值模拟结果显示，当激励频率较低（80 Hz、160 Hz、300 Hz 和 435 Hz）时，薄壁圆筒顶端 4 个测点在 z 方向的加速度-时间计算结果与实验结果符合较好。随着激励频率的增大，加速度的幅值逐渐放大，计算结果与实验结果逐渐偏离。本书所提出的六参数 Iwan 模型可以较好模拟低频激励情况下的薄壁圆筒组合结构响应，而高频激励情况误差较大。在未来的研究工作中，可进一步对模型、计算方法等进行改进，改善高频激励的计算精度。

(5) 连接结构不确定性研究

本书所开展的实验研究并未讨论连接结构的不确定性，所提出的六参数 Iwan 模型无法描述连接结构的不确定性。实际工程中，名义相同的两组连接结构的动力学响应并不相同，而同一组连接结构经卸载-装配后重复实验所得响应也不相同。连接是复杂结构系统中重要的不确定性来源，对连接结构不确定性开展研究具有重要的工程意义。

(6) 法向变载荷作用下的连接结构力学行为研究

实际工程中，连接结构往往受到法向、切向载荷共同作用。本书研究工作仅考虑了切向循环外载作用情况，认为连接结构法向约束力为定值。未来的研究工作还应深入讨论法向约束力变化对连接结构力学行为的影响。